未读 | 生活家

UNREAD

盖饭的故事

天丼　かつ丼　牛丼　うな丼　親子丼
日本五大どんぶりの誕生

RYOICHI IINO
[日] 饭野亮一 著
沈于晨 译

贵州出版集团
贵州人民出版社

图书在版编目（CIP）数据

盖饭的故事 /（日）饭野亮一著；沈于晨译. -- 贵阳：贵州人民出版社，2022.11
ISBN 978-7-221-17303-4

Ⅰ. ①盖… Ⅱ. ①饭… ②沈… Ⅲ. ①大米－饮食－文化史－日本 Ⅳ. ①TS971.203.13

中国版本图书馆 CIP 数据核字（2022）第 185404 号

TENDON KATSUDON GYUDON UNADON OYAKODON: NIHON GODAI DONBURI NO TANJO

By Ryoichi Iino

著作权合同登记号 图字：22-2022-082 号

盖饭的故事

［日］饭野亮一 著
沈于晨 译

选题策划 联合天际·文艺生活工作室
出 版 人 王 旭
责任编辑 黄彦颖
特约编辑 张雪婷 庞梦莎
装帧设计 碧 君
美术编辑 梁全新

未讀 生活家

出 版 贵州出版集团 贵州人民出版社
发 行 未读（天津）文化传媒有限公司
地 址 贵州省贵阳市观山湖区会展东路 SOHO 公寓 A 座
邮 编 550081
电 话 0851-86820345
网 址 http: //www.gzpg.com.cn
印 刷 天津联城印刷有限公司
经 销 新华书店
开 本 787 毫米 ×1092 毫米 1/32 8.25 印张
版 次 2022 年 11 月第 1 版 2022 年 11 月第 1 次印刷
I S B N 978-7-221-17303-4
定 价 58.00 元

关注未读好书

未读 CLUB
会员服务平台

前言

盖饭的诞生是日本饮食文化史上的一场革命。也许有人会说："别这么夸大其词，盖饭不就是把菜放在米饭上嘛！"但是对日本人来说，这样的行为却着实是一场"革命"。白米最早出现在江户城，于是各种卖米饭的餐厅便应运而生。有一膳饭（简餐）、茶泡饭、菜饭等，却没有一家卖盖饭的餐厅。

天妇罗盖饭和滑蛋鸡肉盖饭就是分别在米饭上浇上天妇罗和鸡肉、鸡蛋。虽然天妇罗盖浇面（荞麦面上放天妇罗）和滑蛋鸡肉盖浇面（荞麦面上放鸡肉和鸡蛋）早在江户时代就已出现，但日本人的祖先并未想到把这些东西浇到米饭上。

文化年间，距今两百年前，日本爆发了一场饮食文化革命——"鳗鱼盖饭"问世。这种新式食物一经出售便立刻抓住了江户市民的心和胃。受其影响，天妇罗盖饭、滑蛋鸡肉盖饭、牛肉盖饭、炸猪排盖饭等此类广受日本人欢迎的盖饭也应时而生，不过那已然是明治时代以后的事情了。怎么样，现在你知道在米饭上浇盖菜肴对日本人来说有多么困难了吧？

相较于分开吃米饭与菜肴，直接吃盖饭拥有截然不同的魅力。打开碗盖的瞬间，四溢的香气会勾起人的食欲，令人心动不已。盖饭里的米饭、菜肴和羹汤融为一体，打造出相得益彰的别样美味。我亦是被这种魅力吸引而开始撰写本书。很多书对盖饭的描述都只是一笔带过，但本书除介绍盖饭的相关历史外，还将基于史料为大家介绍备受欢迎的日本五大盖饭的诞生史及其变成高人气食物的过程，包括鳗鱼盖饭、天妇罗盖饭、滑蛋鸡肉盖饭、牛肉盖饭和炸猪排盖饭。

通过查询史料，许多模糊的知识点得以明确，比如鳗鱼盖饭的诞生时期及其背景、天妇罗茶泡饭实际上比天妇罗盖饭更早问世、为什么日本人明明已经开始食用鸡肉和鸡蛋却没有出现滑蛋鸡肉盖饭、为什么会产生牛肉盖饭热潮，以及炸猪排盖饭诞生前经历了怎样的过程，等等。

此外，本书还有许多其他发现，希望大家能继续读下去。本书采用众多插图，希望能从视觉上让大家直观了解到这些盖饭的诞生史及其发展过程，身临其境般地感受其中的故事。

另外，书中引用的文章和句子已作适当处理，以便读者朋友们阅读。部分假名的用法与旧假名用法不同，但均来源于引用处的记载。引用时亦有作省略、意译及翻译成现代语等处理。杂俳·川柳[①]的下方标有典故出处，其中《诽风柳多留》频繁出现，以下简称为“柳”。

① 川柳为日本杂俳的一种。由5、7、5计十七个假名组成的诙谐、讽刺短诗，属江户庶民文艺。

目录

剪纸：林家二乐

天丼 かつ丼 牛丼 うな丼 親子丼

盖饭的故事

序章　盖饭诞生前

一　以白米为主食的江户市民

盖饭（在米饭上浇盖菜肴的食物），诞生及发展于江户城，其中一大原因是，江户城是白米的产地，而白米能够煮出好吃的米饭。

江户时代形成了幕府和大名等诸侯经济，其主要财富来源靠征收农民的年贡米，为了变现，许多年贡米流入城市。在江户城，幕府米、藩米、商人米等被大量辗转流通，经批发商和中介之手到了舂米商那里，舂米商又将得到的糙米制成碾米再卖给江户市民。延享元年，舂米店的数量达到2044家（《享保撰要类集》九）。据推测，当时江户城的人口约为100万人，因此每500人中就有1家舂米店。如今，便利店在东京随处可见，但其比例也不过是约1900人：1家。从人口比例来看，江户城舂米店的数量占比较如今的便利店更高。

正如"倚木而舂米"这句话所说，男店员并排在江户城的舂米店里踩着踏臼[①]（唐臼）舂米（《虚言弥次郎倾城诚》安永八年，图1）。

① 碾米的器具，和捣臼属同类。

图1　江户城的舂米店。男店员正在踩着踏臼碾米。《虚言弥次郎倾城诚》（安永八年）

除了舂米店，还有些人在大马路上舂米，他们在街上走来走去，被称为“米舂”“舂屋”“舂人足”等。《四时交加》（宽政十年）中描绘了他们的模样（图2）。据记载，天保十五年有1117名“舂人足”（《诸色调类集》）。

有一句话叫“挑杵踏臼者即为舂米者”，诚如此话所说，他们挑着杵，滚动舂石臼，在街上走来走去，应客人需求收费舂糙米。

图2　大马路上的米舂。四月之景。《四时交加》（宽政十年）

二　米饭类餐厅生意兴隆

白米在江户城上市后，城里出现了很多出售米饭类食物的店铺。距今约两百年的文化二年出版了一部名为《茶渍原御膳合战》的插画小说，讲述了一个自室町时代中起流行的异类战役故事，运用了非人类拟人化的手法，将他们划分成两大阵营，对立而战。故事中，一膳饭店一直以来生意都很好，但由于茶泡饭店的崛起，它们的生意受到了影响，因此招募同伴组成了“一膳饭军”，向“茶泡饭军”发起挑战。

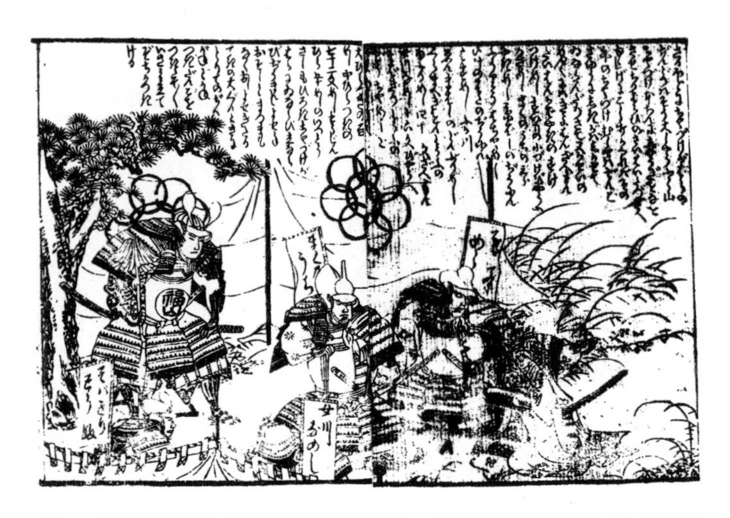

图3　茶泡饭军队阵营以福山茶泡饭为首，会聚了幕之内炒饭、女川菜饭和双叶等大军。《茶渍原御膳合战》（文化二年）

一膳饭军以“山盛”为将军，集结了如山药麦饭店、红小豆糯米饭店、黄米年糕店、丰年团子店、风铃二八荞麦面店、辻店和路边摊等一众当时的人气饮食店一同迎战。茶泡饭军则以“福山茶泡饭”为将军，阵营包括菖蒲、建治、春日野、萌芽、棣棠、武藏野、藤梅、朝日、五色、蓬莱、通路、双叶、轻炸等茶泡饭店，再集结鲷饭、蒲烧饭、幕之内炒饭、风流叶茶饭、莲饭、祇园豆腐盖饭、女川菜饭、豆腐茶饭、大平百饭、中平七十二文饭、精进平五十饭等米饭类店铺积极应战（图3）。正值战况激烈时，“表太糙米一族”介入，提出这场战争根本上是大米和大米的内部斗争，呼吁双方停止无益的战斗，和睦相处：“本是同根生，相煎何太急！比起互相为敌为友，毫无意义地战斗，大家应该和睦共处啊！”最后，两军接受了忠告，和睦交杯。故事中亦包含了诸如“糙米一族”介入这类精心设计的情节。

虽然这只是一出闹剧，但我们可以从中得知，江户城中开设有一膳饭、强饭、茶泡饭、鲷鱼饭、茶饭、莲饭、菜饭、百饭、七十二文饭、五十饭等众多米饭类店铺。

后来，鳗鱼店亦成为其中之一，开始出售蒲烧和米饭，后来开始售卖鳗鱼盖饭，因此诞生了盖饭这一新种类，而后又依次诞生了天妇罗盖饭、滑蛋鸡肉盖饭、牛肉盖饭、炸猪排盖饭等。

盖饭种类众多，本书特此介绍五大人气盖饭的诞生历程及其成为人气食物的原因。

第一章

鳗鱼盖饭的诞生

一 鳗鱼盖饭诞生前夕

下酒菜——蒲烧

鳗鱼要剖开烤才好吃。元禄时代，江户城中已有鳗鱼店，店家把又黏又滑不好抓的鳗鱼剖开，烤制成蒲烧[①]售卖。到了宝历年间，鳗鱼店将“江户前大蒲烧”作为招牌，开始售卖蒲烧料理。所谓“江户前”原本是指自享保十八年起，从江户城前方大海和河流中捕获的美味鱼鲜，鳗鱼店将其品牌化，打造成了特产。后来到了安永年间，人们开始划分鳗鱼的种类，江户前之外的鳗鱼都被称为“旅行鳗鱼”。如今，寿司店也把“江户前”当招牌，而在江户时代，鳗鱼店利用江户前鳗鱼的品牌影响力提升了业绩。

鳗鱼店在营销方面也颇费心思，店家在鱼池中饲养活鳗鱼，然后在门口烤蒲烧作为展示，用香味吸引顾客。《江户的骄傲绘本》（安永八年）中描绘了一家鳗鱼店，该店门口立着写有“江户前大蒲烧”几个大字的招牌，门口处有人正在用团扇烤着蒲烧，鳗鱼在鱼池中游来游去（图4）。

“团扇轻摇，掀起江户前的一阵风”，如图所示，一对路过的父子正在望着店里。

这种经营战略令蒲烧成为江户市民的人气食物，但光临鳗鱼店的顾客群体却十分有限，因为当时人们只把蒲烧当下酒菜。

---

① 把鱼破开剔骨，涂上以酱油为主制成的甜辣汤汁烤制而成的料理。

图4　某鳗鱼店门口竖着“江户前大蒲烧”招牌。入口处烤着蒲烧，鳗鱼在店内的鱼池中游来游去。《江户的骄傲绘本》(安永八年)

鳗鱼店开始提供米饭

若鳗鱼店想要进一步提升业绩，就必须扩大受众群，所以如果把米饭加到菜单里，那么就可以吸引到女性顾客和不喝酒的男性顾客，于是鳗鱼店开始在招牌和拉门上写上“配饭”大字，开始提供米饭。

较早的例子出现在《女嫌变豆男》（安永六年）中，书里描绘的鳗鱼店门口竖着写有“江户前大蒲烧 配饭”的灯笼招牌（图5）。由此可见，这一时期已有鳗鱼店开始提供米饭，而五年后出版的《七福神大通传》（天明二年）中记载了鳗鱼店开始供应配餐饭食的原委。

“因为饮酒的人多，如今出现了很多煮菜店和居酒屋，也出现了很多售卖江户前大蒲烧的知名店铺，这些店和居酒屋不同，入店没有限制，所以会看到很多人喝红了脸出来。但那些不喝酒的人无论再怎么喜欢鳗鱼，就算是要买鳗鱼当特产也不愿意走进店里，因为他们讨厌衣服沾上酒味，所以过门而不入。大通天觉得这样很可惜，于是就把米袋赐给了江户的鳗鱼店。鳗鱼店开始用这些米做配饭，吸引喝酒的人和不喝酒的人都进店消费。”

图中的鳗鱼店格栅上挂着写有“配饭 大蒲烧”的灯笼招牌，店门口，带着孩子的女性一行五人和另一名女性正看向店内（图6）。

七福神中有一个叫大黑天的角色，形象是脚踩米袋，所

图5　招牌上写有“配饭”的鳗鱼店。《女嫌变豆男》（安永六年）

图6　挂着“配饭 大蒲烧”招牌的鳗鱼店。描绘了经过店铺门前的各类人群。《七福神大通传》（天明二年）

以大通天就模仿大黑天，把米袋赐予鳗鱼店，于是鳗鱼店开始供应配饭。虽然故事有些牵强，不过因为有了配饭，除一直光顾的酒客外，女性顾客和不喝酒的男性顾客也开始走进鳗鱼店。

“配饭”这句宣传本店供应饭食的广告语渲染力极强，所以越来越多的店铺把它写到招牌上去。此外，有些店铺还特意在制作招牌时把招牌上“配饭”一词的其中一个假名写得像鳗鱼一样（《千里一刎勇天边》宽政八年，图7），如“配饭之字书似鳗鱼”（柳八三，文政八年）所说。

如序章中所说，白米在江户城上市。蒲烧既适合当下酒菜，

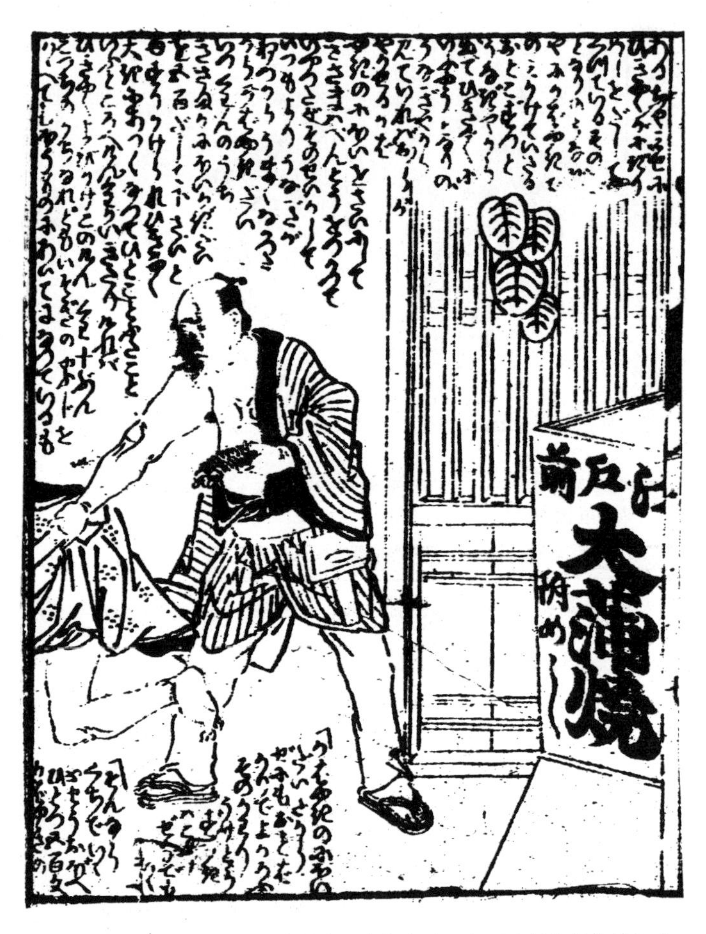

图7　将“配饭”（附めし）的其中一个假名（し）写成鳗鱼状的鳗鱼店。《千里一刎勇天边》（宽政八年）

也适合和白米饭一起食用。因为提供米饭，所以鳗鱼店获得了新的顾客群体，且顾客数量不断增加。文化八年町年寄[①]的调查显示，“蒲烧店”的数量多达237家（《类集撰要》四十四）。

二　鳗鱼饭的诞生

大久保今助和鳗鱼饭

终于，鳗鱼店开始出售蒲烧配饭，鳗鱼饭就此诞生。

关于鳗鱼饭的起源，宫川政运的《俗事百工起源》一书中记载了原委，“鳗鱼饭源自蒲烧”（庆应元年）。

“鳗鱼饭源自文化年间堺町剧场的老板大久保今助。今助从前是个低等武士……因为他做什么事都很机灵，所以逐渐晋升，最后成了剧场老板……他毫无奢靡之心，每天都亲自去剧场。据说今助很喜欢吃鳗鱼，每顿饭都要吃，但花费从不超过百文。今助总是叫外卖到剧场吃，可是外卖又容易变凉，他就把米饭和鳗鱼一起倒进碗里，盖上盖子，这样既能保温又别具风味，引得众人纷纷效仿。如今所有鳗鱼店都有鳗鱼饭的招牌。当时，鳗鱼饭售价也不过百文，而现在的售价为二百文到三百文。”

① 町官吏的首长，处理町内日常行政的实权者。

大久保今助

大久保今助原为水户藩领，据《三百藩家臣人名事典》“常陆国水户藩”（昭和六十三年）记载，“大久保今助，宝历七年—天保五年，水户藩乡士[①]，八代藩主德川齐修时期得到提拔。其父为久慈郡龟作村的农民文藏。早前，今助前往江户经商，后成为富豪，屡次登门拜访水户藩的贫困户，功绩得到认可，于文化十四年获得五人扶持[②]。后给予水户藩大额捐款……财富累积，更名为伊痲祐秀房。与重臣联合，成为政商活跃……文政十一年晋升为御城付格”。

今助为常陆国久慈郡龟作村一农民之子，很早就前往江户从商，后来成为富豪，文化十四年被提拔为水户藩士，之后实现了惊人的晋升，文政十一年晋升为“御城付格”。所谓“御城付”指的是水户家的一种重要职务，仅次于家老、若年寄、御侧御用人和御用人。

关于今助受雇于水户藩前的情况，加藤曳尾庵（宝历十三年—天保四年）所著《今助传》中有详细描写。

“今助出生于常州水户领边陲村，自小便很有主见，十七八岁时来到江户，在各处做了八九年的武家仆役。二十六七岁时成为水野出羽侯的家老——土方缝殿助的携带草鞋仆从[③]。之后又成了

---

① 江户时代居住在农村的武士。

② 据幕府规定，一人一月口粮为糙米一斗五升，称“一人扶持”。

③ 武士的男仆之一，主人外出时为其准备替换的草鞋，并持鞋相随。

中村座勘三郎剧场的火绳商，渐渐得到提拔。但他十分节俭，贮藏了诸多金银，同时还与权贵之士交好，筹措了不少金银，做了二十余年的剧场老板。随着财富鼎盛，他备受人尊敬，幼童亦无不知其名者。”

今助出生于水户藩领的边陲小村（《三百藩家臣人名事典》中记载为龟作村），十七岁（安永二年）时来到江户做武家仆役，二十六岁（天明二年）时成为老中水野忠成的仆人——土方缝殿助的携带草鞋仆从。之后，他一边在中村座贩卖火绳（游人的香烟火种），一边勤俭节约贮藏金银，后从事金融业获得财富，成为剧场老板。

大久保今助是中村座的救世主

关于今助成为堺町中村座老板这一时期，歌舞伎演员第三代中村仲藏的自传《自卖自夸》（昭和四十四年）中收录的《中村歌右卫门传》有详细记载。当时中村座资金匮乏，于是今助出资帮助第三代歌右卫门从大阪来到江户，在中村座演出。

“第一天演出时……歌右卫门在艺术之都江户的人气极旺，观众极多，没看过歌右卫门的人都以之为耻。演出多日后收入颇丰，不仅令萎靡不振的中村座恢复活力，还为茶馆、服务员带来了新生，他们把今助和歌右卫门奉为神。今助投入八十两本金，获得了近千两利润，接下来的收入更令他成了垄断性的金主，短时间内收获数万财富，之后还持有许多土地和房屋，他为买卖土地和房屋缴纳税款，改名为大久保，获得武士身份，成为水户家家臣，其显赫的人生经历人人皆知。”由此可知，今助剧场老板的身份十分成功（图8），并在之后收获巨额财富，在水户家为官，改姓大久保。

歌右卫门来到江户的时间，所查资料显示为文化五年，这一点与其他史料略有不同，如《三升屋二三治剧场书留》（天保末期）中写道：“文化五年，中村歌右卫门初次来到地方。”石冢丰介子编写的《街谈文集要》（万延元年）中写道：“文化五年戊辰三月二十三日，第三代中村歌右卫门初次到中村座。”

此外，《三百藩家臣人名事典》中记载，今助于文化十四年在水户家为官，而加藤曳尾庵的《今助传》中记载“做了二十余年的剧场老板”。因为今助是在文化五年前后成为老板的，这样算来，他在水户藩为官就是文政十一年前后的事情。

从史料可知各方记录不一，但也不妨视作今助作为堺町中村座老板活跃于文化五年前后开始的约十年间（文化年间），而鳗鱼饭也在这一时期开始售卖。

文化年间售卖的鳗鱼饭

青葱堂冬圃所著《真佐喜的加都良》一书中记载了开始售卖鳗鱼饭的人物故事。

“故事的开端是一个在四谷传马町三河屋某之家工作的男人，他空闲之余在葺屋町的浦家卖鳗鱼饭，那会儿我年纪尚小，后来

图8　堺町中村座。屋顶的高台上写着“勘三郎”（中村座的剧场主）。《东都岁时记》（天保九年）

这个行业渐渐繁荣。因为大家都说很少见，我就和别人一起去看，当时的鳗鱼饭是把米饭装在碗里，然后把蒲烧夹在米饭中间，才卖六十四文钱。看到这么流行，人们都开始卖这个，价格也渐渐水涨船高。”

《真佐喜的加都良》一书的完成时间不详，但从序章和正文的记述中得出，作者于文化元年出生在江户深川的一户商人家庭，之后和父亲一起搬到四谷，天保初期暂时离开了江户，但弘化初期又回到了江户。因此，书中“那会儿我年纪尚小”指的应该是文化年间，作者那时居住在深川或四谷，亲眼见到过卖鳗鱼饭的场景。

开始卖鳗鱼饭时，正是今助当剧场老板的时候。那里的葺屋町（中央区日本桥堀留町一丁目·人形町三丁目）毗邻中村座的堺町，也就是今助点外卖的地方。葺屋町还有一个歌舞伎剧场叫市村座，这两个町以中村座和市村座为中心，包括偶人净琉璃和杂耍场、料理店、各种茶馆等各式店铺，构成了江户最大的娱乐街，被统称为二丁町（图9）。

我们可以视作鳗鱼饭起源于今助的一个想法，并于文化年间在堺町出售。

正如《真佐喜的加都良》所写，“看到这么流行，人们都开始卖这个”，这个新行业大获成功，卖鳗鱼饭的店也越来越多。言情小说《风俗粋好传》（文政八年）中记载了一对年轻夫妇开鳗鱼饭店的故事，妻子说：“咱们在大矶的圣天町开鳗鱼饭店是丁度七年前的事，那会儿想着一定有很多花街的客人。”江户的文学作品和歌舞伎作品很忌讳引用江户的地名，但经常使用镰仓和大矶等地名，因为大矶有花街柳巷，所以用大矶可以代替吉原。我们可以假定这对夫妇经营的店位于吉原附近的浅草圣天町。虽然这只是一则故事，但从中可知文政初期，除了葺屋町之外，其他地方也出现了卖鳗鱼饭的店铺。后来此类店铺的数量逐渐增多，文政十二年，有一句话叫“鳗鱼饭，菩萨中的虚空藏”，菩萨代表米饭，虚空藏代表鳗鱼（鳗鱼被认为是虚空藏菩萨的使者），因此鳗鱼饭就指在米饭中间放入蒲烧。还有一句话叫“碗中满是鳗鱼饭”，意思是鳗鱼饭被盛在碗中。

今助以前的鳗鱼饭

基于今助的想法，鳗鱼饭在文化年间开始出售，但其实早在今助之前就已有人萌生过类似的想法。尾张藩士石井八郎在江户轮值时曾写下《损者三友》（宽政十年），当中记载着这样一个故事，荻江调（长调之一）演员荻江东十郎喜欢相扑，他会提着饭盒去看相扑比赛，饭盒里装的就是中间夹着蒲烧的米饭。他说：“我去看相扑时，会在小饭盒里装满米饭，接着在中间塞块蒲烧，然后盖上米饭，再塞入蒲烧，再盖层米饭，最后紧紧地盖上盖子，再在一个大的德利酒壶里装上茶，一起带去。”

享和二年出版的料理书籍《名饭部类》中也记载了关于鳗鱼

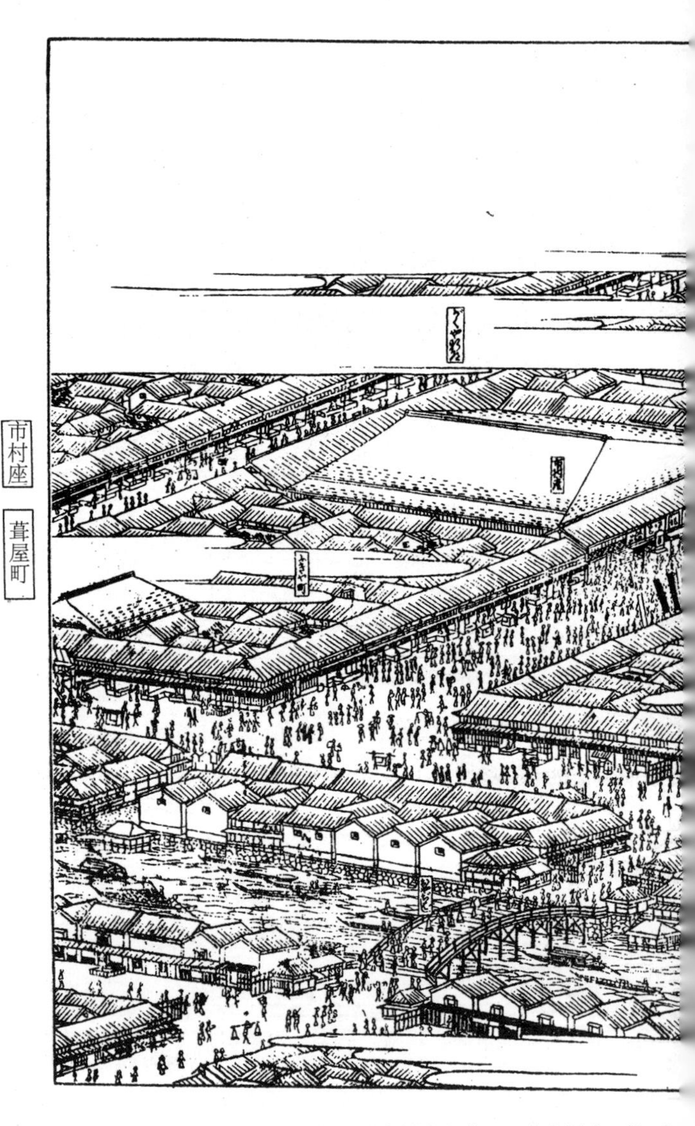

图9　热闹的二丁町。描绘了堺町的中村座和葺屋町的市村座。《江户名胜图绘》(天保五年—七年)

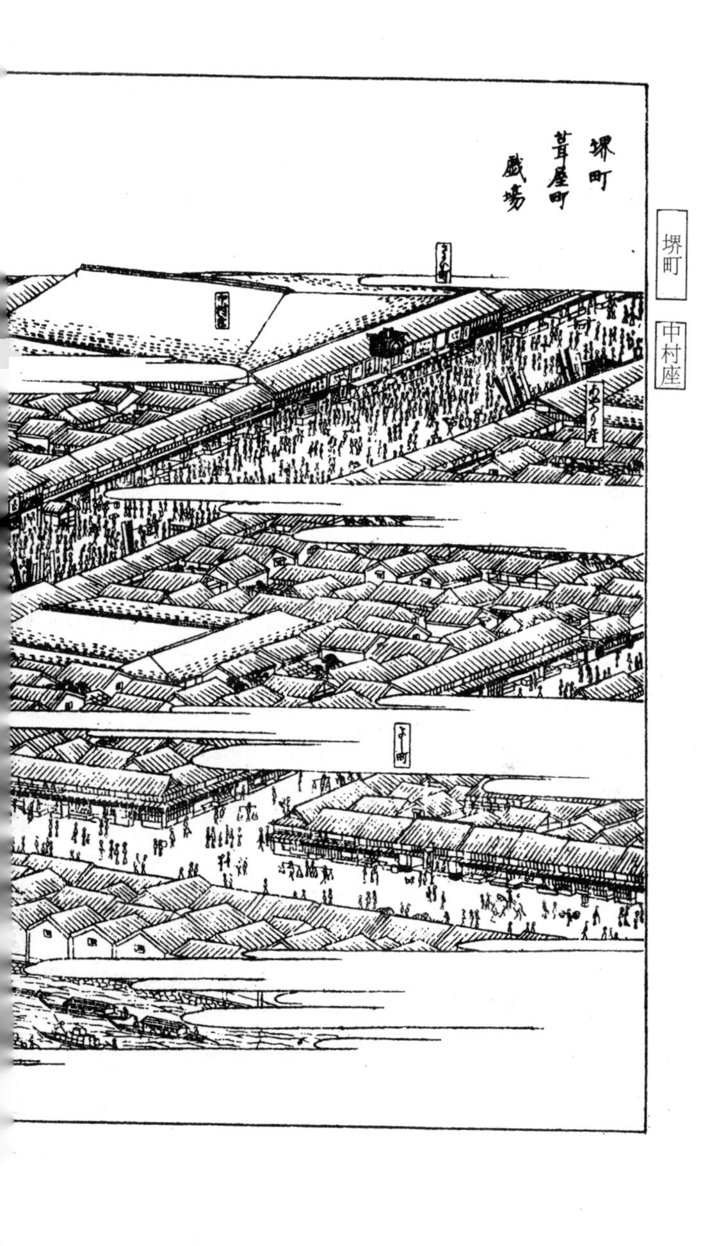
堺町
葺屋町
戯場
堺町
中村座

饭的制作方法，“鳗鱼饭：按寻常做法烤鳗鱼，然后将蒲烧鳗鱼和热腾腾的米饭层层相叠，接着倒入饭桶中封盖保存，之后食用”。该做法也是为了不让蒲烧变凉，互相叠加米饭和蒲烧，盖上盖子保温，以便之后食用。

因此，虽然大久保今助创造了店铺出售鳗鱼饭的契机，但他称不上创始人，这也是“始祖说”难以论证的地方。

自称鳗鱼饭始祖的知名店铺

歌川芳艳所绘《新版御府内流行名物产指南双六》（嘉永年间）中有一家名为“葺屋町 鳗鱼饭”的店铺，描绘了盛在碗中的鳗鱼饭（图10）。从所在地来看，这家店似乎是鳗鱼饭的始祖店，鹿岛万兵卫所著《江户的夕荣》（大正十一年）一书记载了幕府末期到明治初期的江户，书中写道：“鳗鱼盖饭的始祖是葺屋町的大铁。”大铁好像也叫大野屋，大野屋也自称始祖，《东京购物独指南》（明治二十三年）中登载着“元祖鳗鱼饭 日本桥区葺屋町 大野屋铁五郎”的广告（图11）。

虽然我们可以认为大野屋是鳗鱼饭的始祖店，但这家店出售鳗鱼饭的时期其实存在一些问题。《东京名物志》（明治三十四年）中记载：“大野屋，日本桥区葺屋町，该店店主于天保七年开始构想并卖鳗鱼盖饭，鳗鱼盖饭合世人喜好，店主与鳗鱼盖饭共获好评。”《月刊食道乐》第七号（明治三十八年十一月号）中也写道：“天保七申之岁，鳗鱼盖饭始于江户葺屋

图10　“葺屋町 鳗鱼饭”店铺。《新版御府内流行名物产指南双六》（嘉永年间）

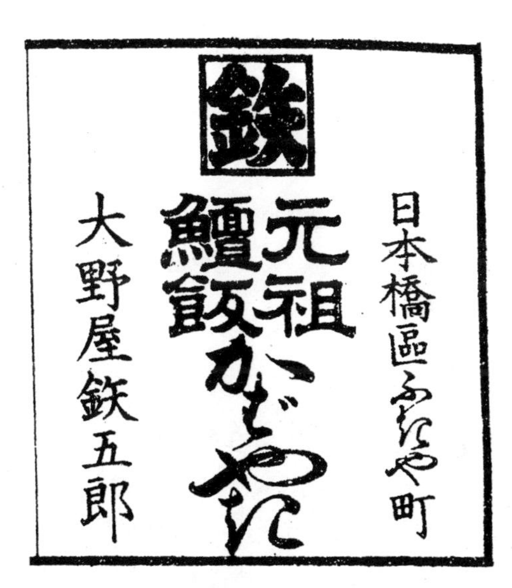

图11　自称元祖鳗鱼饭的“大野屋”。《东京购物独指南》（明治二十三年）

町（日本桥区）大野屋。”两处记载均认为“鳗鱼盖饭”出售于天保七年，但事实上当时出售的全都是“鳗鱼饭”，所以时间对不上。

虽然大野屋始祖说存在一些问题，但似乎也不阻碍它成为定说，大正六年四月二十七日的《东京朝日新闻》报道：“江户人的代表食物难道不是初鲣鱼（夏初最早上市的鲣鱼）和蒲烧吗？先品其气味，再尝其风味。若论江户前蒲烧，那要数灵严岛的大黑屋、岛原的竹叶，和鳗鱼盖饭始祖葺屋町的大野屋最正宗。”虽然很想去确认，但大野屋已然谢幕。深川（宫川）一家店铺的店主宫川曼鱼在《深川的鳗鱼》（昭和二十八年）一书中写道：“大野屋早年还在葺屋町，小巷的入口处挂着写有‘元祖鳗鱼饭’几个字的灯笼。”以此来怀念往昔的大野屋。

大野屋在《东京购物独指南》中自称为始祖，战后不久以“元祖鳗鱼饭”为招牌营业。大抵这也是形成大野屋始祖说的原因之一吧。

三　人气食物鳗鱼饭的创意商法

《守贞谩稿》中的鳗鱼饭

《守贞谩稿》（嘉永六年，追记至庆应三年）记录了天保八年到嘉永六年的江户风俗，详细记载了鳗鱼饭。

"鳗鱼饭，京都大阪称为'mabushi'，江户称为'donnburi'（丼物），为鳗鱼盖饭（鳗丼飯）的简称。在京都、大阪、生洲等地均有出售。不过在江户，高级的鳗鱼店并不出售鳗鱼饭，仅由中等资产以下的鳗鱼店兼售或专卖，售价一百文、一百四十文和两百文不等。如图，盛在牵牛花形的碗里。先在碗底放入少量热饭，然后放上五六串去头的烤小鳗鱼，每串长三四寸，接着铺上一层热饭，再放上六七串小鳗鱼……一定会附带一次性筷子。文政时期，三都开始使用的一次性筷子由杉木角筷割裂一半制成，就餐时撕开另一半即可使用，为确保干净不可重复利用。"（图12）

接下来，我们将介绍鳗鱼店把鳗鱼饭打造成人气食品的几个创意商法。

含主食和单品菜肴的鳗鱼饭

一开始，人们将鳗鱼饭盛放在"丼"中，"丼"是日本一种餐具的名称，起源于元禄时代。《男重宝记》（元禄六年）一书中收录了当时和男性的日常生活相关的必要信息，其中"烹饪器具"中就列举了"丼"。

"丼"原本是盛放料理的餐具，不久之后一膳饭店诞生，于是店家就把米饭盛在丼里端给客人。文化年间，江户城出现了很多一膳饭店（图13）。

将米饭和单品菜肴（蒲烧）盛在一起的菜品就是鳗鱼饭。当

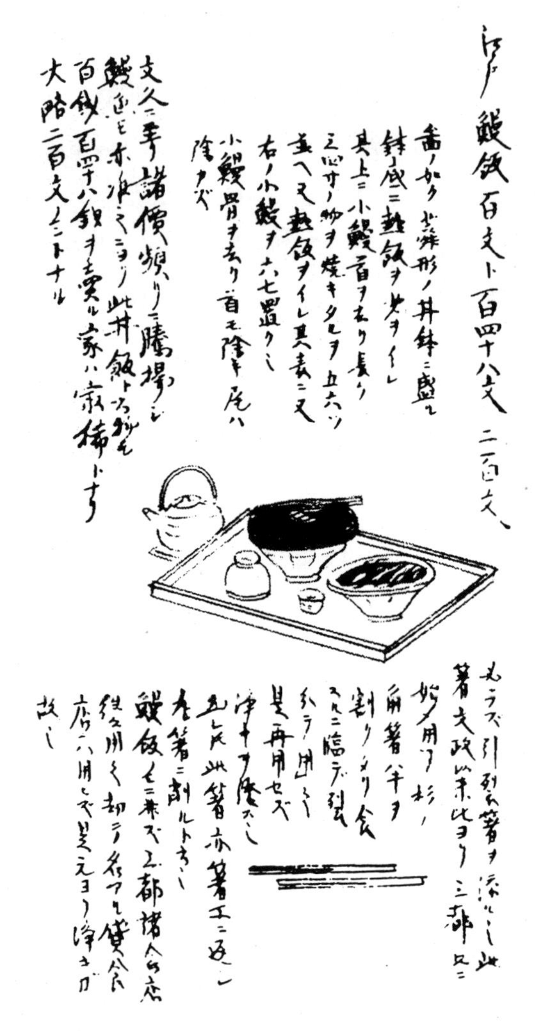

图12 鳗鱼饭图绘。描绘了两种鳗鱼饭，左侧带盖的碗上放着一次性筷子，右侧碗里盛着小鳗鱼蒲烧。《守贞谩稿》（嘉永六年）

图13　杂司谷一膳饭店。名为“一膳饭 酒菜”，亦出售酒。《杂司谷纪行》（文政四年）

时，江户城中除了一膳饭店，出售米饭类食物的店铺还有茶泡饭店、奈良茶饭店、菜饭店、百饭店等（参照序章），但没有任何一家把米饭和单品菜肴放在一起。鳗鱼饭是一种划时代的创意菜式，做法是把主食米饭和菜肴装在同一个丼中。如《守贞谩稿》所写，在江户，鳗鱼饭被称为丼物，而且那时并没有其他丼物，所以鳗鱼饭成了“丼物”第一号。这是日本料理史上的一场革命。

言情小说《春色恋乃染分解》四编（文久二年）中描绘了花街柳巷的客人和歌伎的对话场景，客人问：“吃鳗鱼饭吗？还是直接吃烤鳗鱼？”歌伎表示想吃鳗鱼饭：“啊，鳗鱼饭啊，米饭渗透了酱汁，很美味呢。”鳗鱼饭一般被称为“丼饭”或“丼”，明治四年出版的假名垣鲁文所著《西洋道中膝栗毛》六编中有一句台词“给我稻半的暹罗鸡肉锅或者伊豆熊的鳗鱼饭”，其中鳗鱼饭一词被标注了注音假名，读作“donnburi”（和“丼饭”读音一样），这个读音直到明治以后还在用。

在江户，因为人们把鳗鱼饭盛在丼钵里，所以将鳗鱼饭称为“丼”，但在京都大阪，人们称之为“mabushi”，不过后来又发生了变化，奈良、大阪、京都、冈山等地叫“mamushi”（《全国方言辞典》，昭和二十六年）。俳人正冈子规患病后在东京根岸休养，他说：“鳗鱼饭在大阪被称为‘mamushi’，听起来就很难听。如果我当上了大阪市市长，第一件事就要废除这个说法。”

用廉价小鳗鱼做成的鳗鱼饭

用小鳗鱼做成的鳗鱼饭，做法是取十几条三四寸（9—12厘米）长的小鳗鱼去头烹制而成。

江户时代，鳗鱼还未被养殖，捕获的鳗鱼也大小各异，但鳗鱼店都挂着“大蒲烧”的招牌营业。当时大鳗鱼的商品价值更高，大烤串更贵，小烤串便宜。鳗鱼店为了多卖小鳗鱼，就把大的和小的烤鳗鱼串混合卖，不过也有些高档店铺只卖大烤串。在这种情况下，鳗鱼店通过开发鳗鱼饭，找到了活用小鳗鱼的方法。

用小鳗鱼做的鳗鱼饭比蒲烧更便宜，根据《守贞谩稿》“出售鳗鱼蒲烧”记载，蒲烧的价格如下：“江户将蒲烧盛放于陶盘中。一串大串，二三串中串，四五串小串为一盘。售价两百钱。”虽然一盘蒲烧需花两百文，但花一百文就能吃到鳗鱼饭，有一句话叫“出百文，菩萨中有虚空藏”（图14）。如前文所述（第23页），菩萨表示米饭，虚空藏表示鳗鱼。

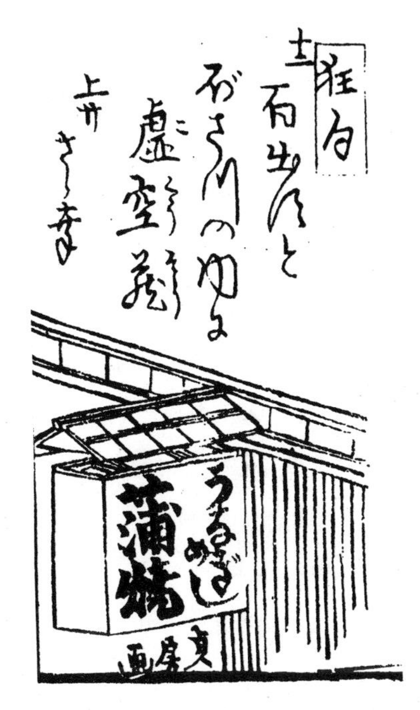

图14　挂着“鳗鱼饭 蒲烧”招牌的鳗鱼店。《种瓢》十二集（弘化年间）

虽然比十六文的荞麦面贵很多，但对江户市民来说，蒲烧更受他们青睐。

之后人们也用小鳗鱼烹制鳗鱼饭，据大正四年五月二十一日的《东京都报纸》报道，“今年鳗鱼市价：大型鳗鱼（七八十匁[1]

① 匁：日本古代衡量单位，1匁为3.75克。

到百匁）约一贯[1]六日元五十钱，中型鳗鱼（四五十匁）五日元，做鳗鱼饭的小鳗鱼（十匁到十五六匁）两日元五十钱，夜市和居酒屋用的迷你鳗鱼一贯一日元”。

迷你鳗鱼一贯左右的单价算便宜了，而鳗鱼饭用的小鳗鱼，十匁到十五六匁（38—60克）的价格相当于大鳗鱼七八十匁到百匁（263—375克）价格的三分之一、中鳗鱼四五十匁（150—188克）价格的一半。夜市和居酒屋用的迷你鳗鱼价格就更低了。

后来，养殖鳗鱼普及（后文会讲述），用小鳗鱼做的鳗鱼饭销声匿迹。昭和二十九年出版的《鳗鱼》中有一项“关于鳗鱼的调查”，各界著名人士均有来稿，其中有一位是日本画家镝木清方（明治十一年—昭和四十七年），比起太油的大串，他更喜欢中型或小型的烤鳗鱼串。他在来稿中表达了对已见不到的小鳗鱼盖饭的怀念，他写道：“近来已经看不到小鳗鱼盖饭了，我觉得十分寂寞。那些约两寸长的细长鳗鱼，没有一点儿脂肪，做成鳗鱼盖饭的时候，先在底层铺上米饭，然后放上小鳗鱼，再盖上米饭，接着再放上鳗鱼，如果现在还有这种两层的鳗鱼盖饭，应该很受孩子们欢迎吧。”

附带一次性筷子的鳗鱼饭

鳗鱼饭必定附带一次性筷子。

---

① 贯：旧钱币单位，1000文（在江户时代指960文，在明治时代指10钱）为1贯。

用筷子吃饭这个习惯起源于中国，后来传到了日本，日本人约从1300年前开始用筷子吃饭，而后发明了一次性筷子，并随着江户餐饮店的发展而普及。

一次性筷子出现于18世纪末期。山东京传所著《金金先生造化梦》（宽政六年）中描绘了正在制造筷子的店，挂着“定做各种筷子”的招牌，文中可以看到“一次性筷子”的日语（ひつさきばし）（图15）。京传所著另一本书《忠臣藏即席料理》（宽政六年）描绘了被高师直（吉良义央）侮辱的盐谷判官（浅野长矩）正后悔“掰开了一次性筷子”的情景（图16）。

一开始有些人并不知道什么是一次性筷子，“言割筷仅一

图15　挂着写有“定做各种筷子”招牌的筷子店。《金金先生造化梦》（宽政六年）

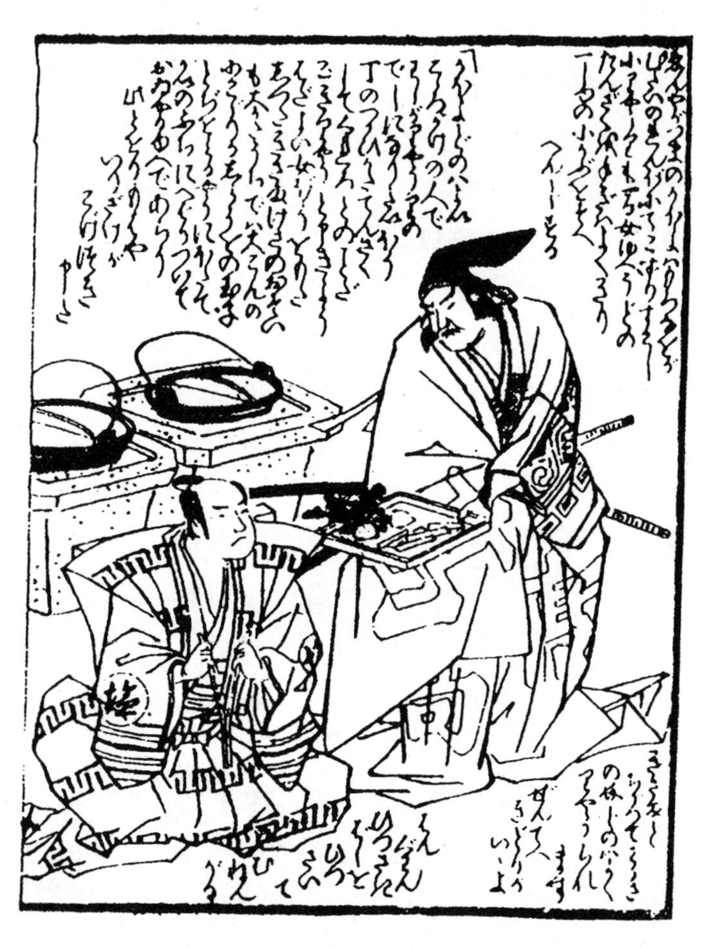

图16　掰开一次性筷子后正在后悔的盐谷判官（左侧人物）。《忠臣藏即席料理》（宽政六年）

根而被嘲”。“割筷”（日语为“割箸”）即一次性筷子，拿到一次性筷子的客人因为问店家为什么筷子只有一根而遭到了哄堂大笑。十返舍一九所著《旅耻辱书拾一通》（享和二年）中写到，面对只附带一根筷子的料理，客人提出“只给我一根筷子吗？”的疑问，店主答：“这是一次性筷子，我们用的都是这种筷子。”（图17）。从乡村来到江户城的人倍感困惑：“吾等乡野之人难懂此筷。”《守贞谩稿》中记载“文政时期，三都开始使用一次性筷子”，但其实文政年间以前就有江户人使用一次性筷子了。因此应该加以解释：文政年间，大阪和京都也开始使用一次性筷子。

文化年间处于文政年间前，这一时期，江户地区开始出售鳗鱼饭。虽然不清楚鳗鱼饭是从什么时候开始附带一次性筷子的，但《守贞谩稿》中记载“一定会附带”，所以可以认为，在一次性筷子尚未普及时，鳗鱼饭就已附带，毕竟一次性筷子很适合用作鳗鱼饭的餐具。

当时江户城也发明了涂筷，不过市面上流通的多是什么都没涂直接用白木杉做的筷子。如《守贞谩稿》中所写，“杉木角筷割裂一半制成”，一次性筷子由未加工的杉木制成，售价等同于可重复使用的“杉筷”。一次性筷子用一次就扔掉，虽然成本略高，但鳗鱼店在提供鳗鱼饭时都会附带。江户时代还没有合成洗涤剂，所以当时人们用食盐、醋、草木灰、木炭等物品清洗餐具，如果油腻就用灰水或米糠，一般情况下都用刷帚。

图17　放在角盆里的料理和旁边的一次性筷子。《旅耻辱书拾一通》（享和二年）

元禄时代，江户城开始出售鳗鱼蒲烧，江户蒲烧的做法和关西地区不同。《守贞谩稿》(卷之六·生业)中记载，京阪地区(京都、大阪)是“去除竹签后把肉盛到碗里”，江户则是“带着竹签把串放到盘子里”，连带竹签直接端给客人。所以，江户人吃饭是手拿串串大口咬(图18)，即便用筷子，也不会像吃鳗鱼饭那样把筷子弄脏。

鳗鱼饭的酱汁渗透在米饭当中，所以吃的时候筷子会弄得很脏。如果用白木筷子吃的话，筷子上的污渍就会很难清洗，所以更适合用一次性筷子。虽然成本略高，但鳗鱼店依然赠送在江户

图18　成串蒲烧。一人手拿竹签串的蒲烧大快朵颐，前方另一人的右手边放着只剩下竹签的盘子。《狂歌四季人物》(安政二年)

城上市的一次性筷子，以保持干净。同时，一次性筷子也促进了鳗鱼饭的普及。

江户的鳗鱼店将江户前鳗鱼品牌化，并将土用丑日定为鳗鱼节，变成一项传统节日活动，将蒲烧打造成江户人的人气食物……这些创意商法都涉及筷子。

精心研制的适合鳗鱼饭的酱汁

鳗鱼饭受人们喜爱的另一大原因在于精心研制的蒲烧酱汁。

文化、文政时期，浓口“关东酱油”取代了关西地区的淡口酱油，大量上市。

江户的鳗鱼店用的是浓口酱油，这种酱油在江户市场的占有率越来越高，店家用其调配出更适合蒲烧的酱汁，并用甜料酒代替了和酱油一起使用的酒。

青楼小说《花街柳巷的闹剧》（文化十二年）中有一个人物评价鳗鱼店时说道：“下谷的鳗鱼用的是酱油，想法倒挺新鲜。银座的铃木嘛，口味太甜了。深川的那家店和新堀的越后屋呢，有时间要去看看。”

这里的“铃木”指的是一家位于银座尾张町（中央区银座五丁目、六丁目）的鳗鱼店，山东京传所著《早道节用守》（宽政元年）中曾描写过这家店，招牌和拉门的两边都写着“配饭”，告知客人本店提供米饭（图19）。这家店对酱汁颇为讲究，用的是甜料酒，酱汁带有甜味，和米饭更相配。但是和以往用于下酒菜的

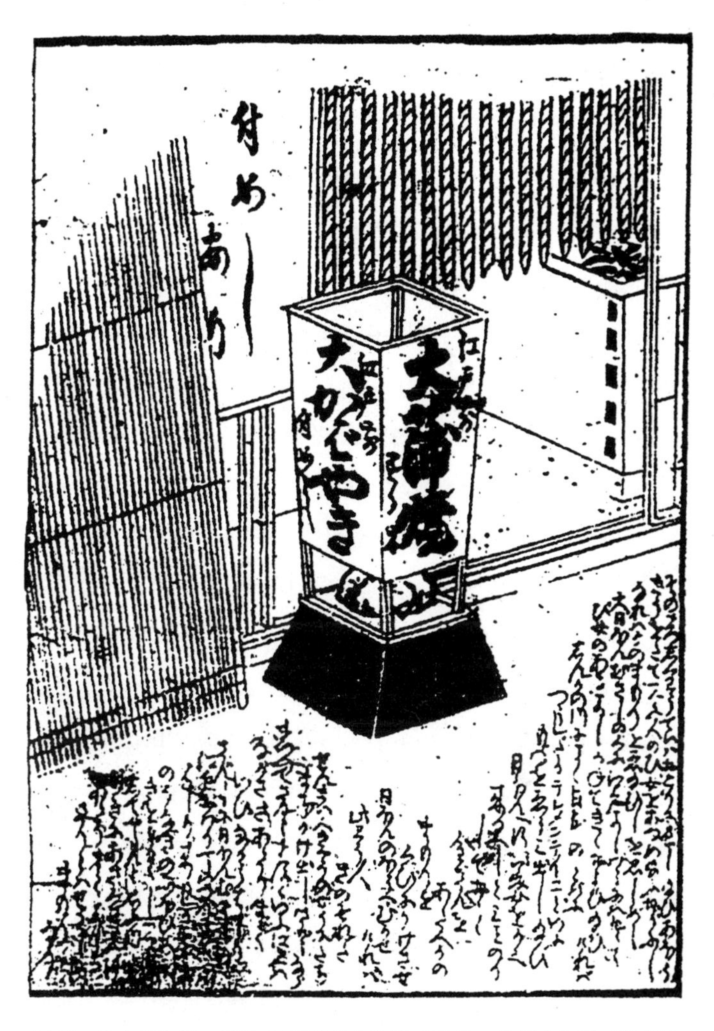

图19　铃木鳗鱼店。招牌上写着“大蒲焼 配饭”，拉门上写着“配饭”。《早道节用守》(宽政元年)

辣味酱汁相比，人们并不习惯这种甜口味，因此可能也有一些江户人觉得不合口味。

文化年间，部分店铺用甜料酒做蒲烧的酱汁，但《守贞谩稿》（卷之六·生业）中记载，“江户烤制蒲烧时在酱油中加入甜料酒，京阪加白酒”。由此可确认江户用甜料酒调配酱汁。用甜口酱汁烤制的蒲烧非常适合鳗鱼饭。前文中提到的言情小说《春色恋乃染分解》四编（文久二年）中描绘了一幅花街柳巷的客人和歌伎对话的场景，歌伎想吃鳗鱼饭：“啊，鳗鱼饭吧，米饭渗透了酱汁，很美味呢。”正如歌伎所说，鳗鱼饭的蒲烧、米饭和甜酱汁合为一体，打造出极致美味。自文化年间鳗鱼饭诞生以来，江户的鳗鱼店一直在精心研制搭配鳗鱼饭的酱汁。

相对于江户的甜料酒，关西地区则用酒，然而进入明治时代后又发生了变化。篆刻家楠瀬日年（明治二十一年—昭和三十七年）在《鳗鱼》中以“关西的鳗鱼料理”为题表达过对于遗失大阪辣风味的遗憾：“说起大阪的鳗鱼料理，我觉得甲午中日战争前后到日俄战争前后那个时期的变化最显著。因为那时，东京风味的鳗鱼料理来到了关西，尤其是大阪，而真正的关西风味却在减少。比如在以前，即便只用一种酱汁，大阪人也不会用甜料酒，而会加入煮酒。所以怎么说都是辣味好吃啊。”日俄战争之后，关西地区似乎也开始采用甜料酒制作的甜口酱汁——东京风味酱汁。

四　从鳗鱼饭到鳗鱼盖饭

一流店铺也开始出售鳗鱼饭

鳗鱼饭盛在带盖子的丼里。《守贞谩稿》中“丼钵”一图显示，丼的上面盖有漆器盖子。鳗鱼饭其实是一种避免蒲烧变凉的保温措施。人们为了保温给餐具加盖子，却出乎意料地产生了别样的风味，而这是蒲烧没有的。正如知名美食家山本嘉次郎所说：“丼物的乐趣之一就在于揭开盖子时四溢的香气。鳗鱼盖饭有鳗鱼盖饭的香气，展现出不同于蒲烧的独特个性。”(《西餐考》，昭和四十五年）可见鳗鱼饭具有蒲烧没有的魅力，勾起了江户人的食欲。

鳗鱼饭的人气水涨船高，“土用之日难食鳗鱼饭外卖”，意思是在土用丑之日，外卖都很紧张，因为鳗鱼饭中的蒲烧不容易冷，所以鳗鱼饭的外卖业务崛起，订单蜂拥而至。

如《守贞谩稿》中所说，江户的高级鳗鱼店不卖鳗鱼饭，一流店铺并不出售鳗鱼饭，但后来因为鳗鱼饭备受欢迎，于是一流店铺也合流。《狂歌江户名胜图绘》(安政三年）中提道“森山那家店的茶很好喝，水道桥的鳗鱼饭也很便宜”，森山是一家位于水道桥旁的老店，水道桥横跨神田川，《绘本续江户土特产》(明和五年）中描绘了竖着“大蒲烧”招牌的森山蒲烧店（图20）。

即便是在森山这样的名店，人们也能用很便宜的价格吃到“丼饭”，但是，幕府时期来到日本的英国外交官萨道义爵士在回

图20　水道桥旁竖着“大蒲烧”（大かば焼き）招牌的森山烤鳗鱼串店

的笼子吊在神田川下游的水流中。《绘本续江户土特产》（明和五年）

忆录中写道：“庆应三年十一月七日，我和外语学校（开成所）的老师柳川春三一起去灵严桥的大黑屋吃了鳗鱼饭。”萨道义爵士应该是第一个吃到鳗鱼盖饭的欧洲人吧？大黑屋是江户首屈一指的鳗鱼店，嘉永六年出版过一本《细撰记》，章节“鳗鱼和蒲八”中，大黑屋在二十九家知名鳗鱼店排行榜中位列榜首（图21）。

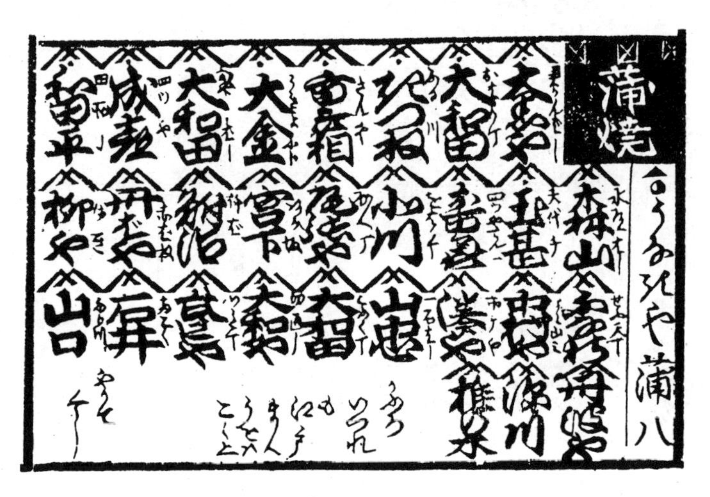

图21　鳗鱼店排行榜。“灵严桥大黑屋”位列榜首。店名下写着“江户高级鳗鱼店”。《细撰记》（嘉永六年）

出售鳗鱼饭的店铺越来越多，顶级餐厅也不例外。明治元年出版的《岁盛记》中有一个“大蒲屋排行榜”，对二十九家店进行了排名，店名下方写着“大串、中串、小串、丼、饭盒”，其中“大串”“中串”“小串”代表蒲烧的大小，“丼”“饭盒”代表盛放鳗鱼的容器，由此可知这些店铺均出售蒲烧和鳗鱼饭（图22）。

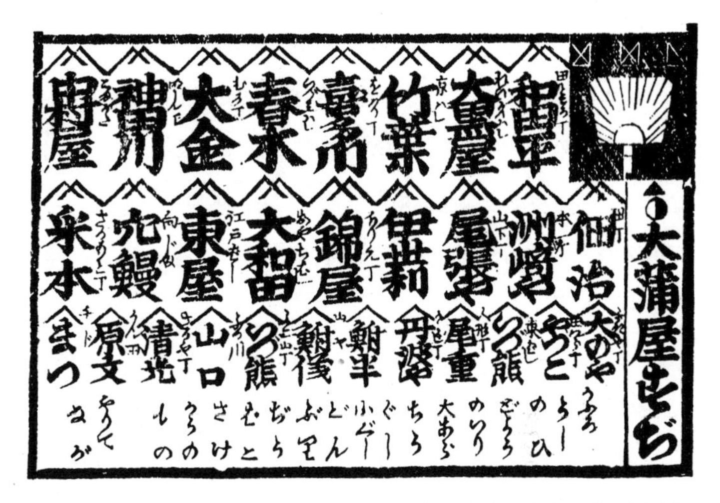

图22　鳗鱼店排行榜。店名下方写着“大串、中串、小串、丼、饭盒”。《岁盛记》（明治元年）

“鳗鱼店里有鳗鱼饭”的时代到来了。

《漫谈明治初年》（昭和二年）中，原新闻记者荻原有佛子以“明治前后的美食家”为题写过“鳗鱼店”，证明“几乎所有的鳗鱼店都出售丼，可即刻打包带走。那时一份六钱二厘五毛，之前是三百，这种便宜的鳗鱼店到处都是”。

“鳗鱼盖饭”的出现

明治时代，鳗鱼饭也被称为鳗鱼盖饭。

田山花袋回忆道：“御成街道是一条窄窄的路，宽仅三间位（约5.5米），和现在相比该是多么热闹呀！行人、车辆、运货马车熙熙攘攘，感觉孩子和人群要被碾压了呢！店铺鳞次栉比……

出售年糕豆沙汤、寿司、大福饼、鳗鱼盖饭等的店铺和旧书店、旧工具店、估衣铺并肩而列。”御成街道也称为御成道，从筋违御门（万世桥附近的门）经上野广小路，然后再走这条路去往上野宽永寺，因为将军家前往宽永寺给祖先扫墓时就走这条路而得名。文中描写了附近的繁华景象，还记载了林立的店铺中有出售“鳗鱼盖饭”的店铺。

金子春梦在《东京新繁昌记》（明治三十年）中写道：“普通鳗鱼饭是将鳗鱼串起来放在盘子里，再附带米饭；而把米饭盛在丼里，然后上面放上鳗鱼，这种称为鳗丼物。萝卜青菜，各有所爱。”其实鳗丼物和鳗鱼饭指的是不同的食用方法，不过人们普遍认为鳗丼物是鳗鱼饭的别名。

鳗丼物（wunagidonnburi）不久便被简称为鳗丼（wunadonn），即鳗鱼盖饭。明治时期，某工薪阶层职员的妻子用日记记录日常生活，她在明治三十一年六月三日的日记中提到她点了鳗鱼盖饭来招待客人：“傍晚时分，亲戚山崎姐姐来访，她带来了一罐饼干和一条女士小方巾。黄昏，老公下班回到家，点了两份鳗鱼盖饭当晚饭。”

鳗鱼盖饭的名字被固定了下来，大正六年刊的《东京语辞典》记载，“鳗丼是鳗丼物的简称。在米饭上放上切好的鳗鱼，放入丼中蒸制而成”。但是“鳗鱼饭”这个名称并未消失，大正八年刊的《模范新语通语大辞典》中写道：“鳗丼，鳗丼物的简称。即鳗鱼饭。”大正时代，“鳗鱼饭”这个名字依然通用。

蒸制蒲烧的出现

江户时代的蒲烧是涂上酱汁后烤制而成的，但到了明治时代，人们用蒸代替烤。《明治节用大全》（明治二十七年）记载了鳗鱼饭的制作方法和蒲烧的烤制方法，“鳗鱼饭：将鳗鱼蒲烧放入刚煮好的米饭中，鳗鱼和米饭层层相叠，再进行蒸制。如果蒸制时间太短就不好吃”，“蒲烧：将鳗鱼剖开去肠后串成串，烤后再放入热水中蒸制，涂抹酱油。酱油由美味甜料酒和美味酱油混合煮成，比例为四比六。”由此可见，鳗鱼饭中的蒲烧是夹在米饭中一同蒸制，并不会提前单独蒸制，但作为蒲烧食用时，做法是白烤后再蒸，然后涂酱油。

受鳗鱼饭的影响，人们开始蒸制蒲烧。一经蒸制，好处立现。前文提到的《东京新繁昌记》（明治三十年）中写道：“鳗鱼料理：鳗鱼料理也是东京知名特产之一。习惯地方口味的人会觉得东京的鳗鱼过于清淡，无法品尝出其美味，但清淡是东京料理的精神。因为鳗鱼本身脂肪很多，所以在烤前先蒸制以去除油脂，这样即便吃很多也不必放下筷子。”

因为“清淡是东京料理的精神”，所以如果在烤前先蒸就能去除油脂令其变得清淡，从而实现东京料理的精神，而且可以吃很多。但是，白烤蒸制后如何涂酱汁这一点并不明确，不过《月刊食道乐》（明治三十八年七月号）中登载的“千住 松鳗鱼店主”的故事清楚地提道，“鳗鱼的料理方法：烹饪方法按各人喜好各不相同，比如白烤等，一般称为蒲烧，首先把鱼切开，按大小串成串，白烤蒸制后涂酱汁（由甜料酒和酱油混合煮制而成），烤制三次左右。如何根据鳗鱼的品质来增减白烤和蒸制的时间取决于料理人的水平，无法言传”，展现了蒸制后涂抹酱汁再烤的现代烤制方法。

千住有一家知名店铺叫“松鳗鱼”，位列嘉永五年出版的《江户前大蒲烧》排行榜单之中（图23）。即便是这样的老牌店铺，也强调了调整蒸制的难度。通过反复摸索尝试，东京蒲烧的蒸制水平得以提高。柴田流星（明治十二年—大正二年）所著《残留的江户》（明治四十四年）中提到了像山谷重箱那样十分重视“蒸制效果”的店铺：“鳗鱼的做法中，蒲烧是最好吃的，重箱、神田川、竹叶、丹波屋、大和田、伊豆屋、奴谜等这些老牌店铺的招牌上都写着江户前，但如果说如今还能在哪家店吃到纯正美味，那么首先想到的应是山谷（东京都台东区东北部的旧地名）的重箱，用火的力度、蒸制效果、调味酱油的口味等，提到这些就不会再想去别的店。”

蒸制技术的确立

蒸制后再炙烤的这种烧烤方法作为东京派烧烤方法固定下来，《模范新语通语大辞典》（大正八年）中写道：“鳗鱼……东京和地方的烹饪方法各不相同。东京是放在蒸笼里蒸，而地方则不经蒸制，肉质很硬，不符合京城人士的口味。”当中提及蒸制是东京派蒲烧的特征，不蒸的蒲烧肉质很硬，不合东京人的口味。

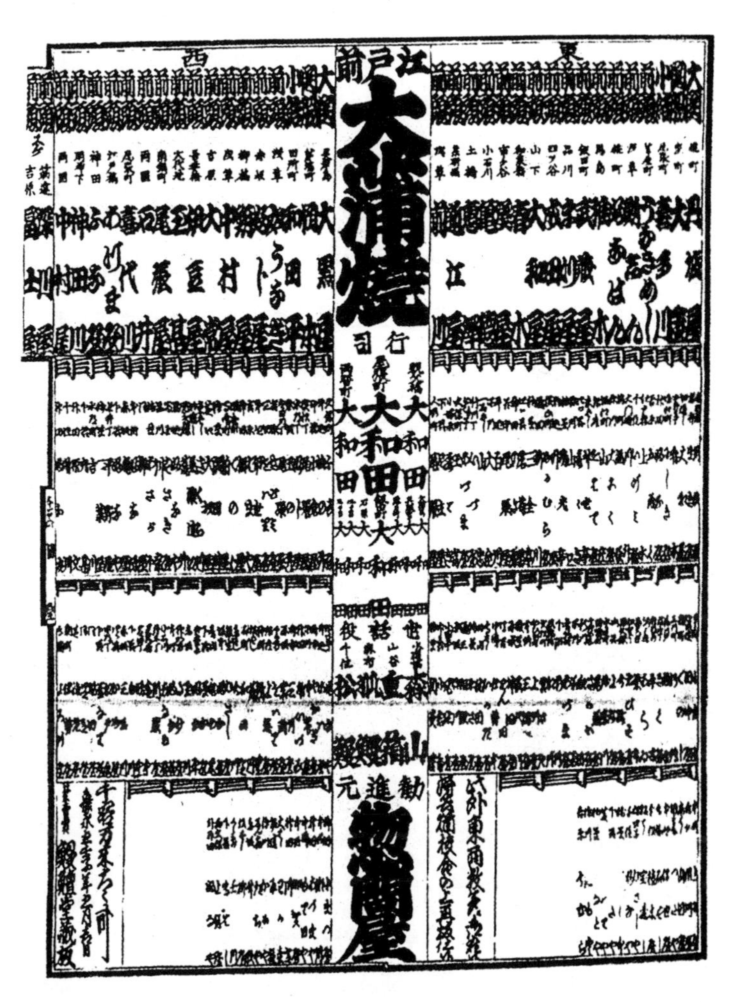

图23　鳗鱼店排行榜。发起人处可以看到“千住 松鳗”。《江户前大蒲烧》（嘉永五年）

木下谦次郎所著《美味求真》（大正十四年）一书中非常具体地描写了蒲烧的烤制方法，“百匁（375克）以上的肉切成三或四部分，五十匁以下的肉适当地切成两部分，用竹签横向串成串，先用大火烤制其身体部分，然后翻面，两面都大致烤一下，接着放入蒸笼蒸五六分钟，而后再用大火烘烤，然后浸入提前准备好的酱汁（由酱油和甜料酒各一半混合煮成）中，随后烤至焦黄色，放入盘子里撒上山椒粉即可上桌”，明确地记录了蒸制的时间。木山荻舟在《美味回国》（昭和六年）“鳗鱼”篇中写道：“最美味的鳗鱼是五十目乃至七十目的中串，即中味。从背部把鳗鱼剖开（大阪是从腹部切开），切成两半，不刷酱汁，把里面翻过来先白烤……接下来是蒸制，这是为了去除含有涩味的脂肪，同时令肉质变得绵软。第三次烤时才刷酱汁，烤至有颜色为止。”由此可见，蒸制蒲烧的技术确立于大正时代。

五　鳗鱼盖饭的普及

出现米饭中不夹鳗鱼的鳗鱼盖饭

蒲烧蒸制后再烤的方法固定了下来，在这个过程中，出现了像现代这样不把鳗鱼夹在米饭里的鳗鱼盖饭。

幕府末期的鳗鱼饭还是将蒲烧夹在米饭中，在浅草长大的高村光云（嘉永五年—昭和九年）如此回忆江户时代的浅草：“‘奴鳗’，我吃奴鳗饭的时候，四百文一碗……吃一碗就很饱，堆得像小山一样的米饭上放着鳗鱼，吃完一些后再往下挖时又出现了鳗鱼，而且因为很便宜，所以相当有名气。”鳗丼的蒲烧是放在米饭上面和夹在中间的，到了明治时期，短时间内依然有把蒲烧夹在米饭中间的做法。不过《东京新繁昌记》（明治三十年）中记载，“米饭盛于丼中，其上放置鳗鱼，称为鳗鱼盖饭”，意思是只把蒲烧放在米饭上面。辞典中亦记载着这一方法，《节用辞典》（明治三十八年）中的释义为“鳗鱼饭：将米饭盛于丼中，其上摆放蒲烧”。

波多野承五郎（安政五年—昭和四年）在《探索食物味道的精髓》（昭和四年）一书中介绍了因东西地区的鳗鱼盖饭文化不同而产生的问题：“东京的鳗鱼盖饭是在米饭上放蒲烧，然后浇上酱汁，但关西地区的鳗鱼饭是只在饭与饭之间放入白烤的鳗鱼，最上面不放。关东地区的鳗鱼盖饭，一打开碗盖只看得到塞得满满的米饭，因此有人觉得是忘记放入鳗鱼，还曾大骂。”看来当时在关西似乎已经出现了米饭上面不放鳗鱼的鳗鱼盖饭。

到了明治时代，人们开始蒸制蒲烧。单独蒸制以后，在米饭中间夹蒲烧就变成双重蒸制，因此在东京，中间也夹蒲烧的鳗鱼盖饭就渐渐消失了。养殖鳗鱼盛行后，鳗鱼饭上放的鳗鱼从小鳗鱼也变成了正常大小的鳗鱼。

养殖鳗鱼的兴起

鳗鱼的养殖始于明治中期。据说最早是明治十二年，服部仓次郎在东京深川的千田新田用二町步的养鱼池开始饲养，但具体情况并不明确。明治十九年十月二十八日的《东京日日新闻》报道滋贺县的鳗鱼养殖非常成功，还产生了收益：

“滋贺县下神崎郡蒲生郡的内湖……去年放养了数万条鳗鱼幼苗，当时长仅寸余（3厘米多），今年九月（过了一年六个月）长到了一尺二三寸到四五寸（39—45厘米），渔民捕获后产生了收益……”

之后，鳗鱼养殖年年繁盛，大正七年七月二十五日的《新爱知新闻》以《日本第一的鳗鱼产地》为标题进行了报道，“爱知县的鳗鱼产量非常高，年产额达到十二万两千贯，价格高达三十七万七千日元，可以说是日本首屈一指的鳗鱼产地。不过这里的产量并不是一开始就这么高，约明治三十年，县水产试验地在淡水养殖的鱼类中将鳗鱼作为最有希望的一类，极力奖励饲养者，结果就产生了如今的盛况，十二万两千贯的产量中，五万三千贯（十六万七千日元），总产额的近半数都是通过养殖获得的”（图24）。由报道可知，从明治三十年前后开始，县水产试验地奖励鳗鱼养殖的举措令爱知县的养殖鳗鱼产额占到总产额的一半，爱知县成为“被誉为日本第一的鳗鱼产地”。

养殖鳗鱼的普及

除此之外，静冈县等地的鳗鱼养殖也很繁盛，养殖鳗鱼大量上市。大正十四年刊的《食行脚》介绍了一家叫“小满津”的蒲烧店，该店采用的是野生鳗鱼，但进入昭和年代后，养殖鳗鱼压

●日本一の鰻の產地

愛知縣下の產額三十七萬圓

今年の土用丑は、本月廿九日一回より廻つて來ないから、市內の各鰻屋は其の日一日にウンと儲ける豫定で昨今▲材料の仕入に多忙を訴へてゐる。一體愛知縣は極めて鰻の豐富な所で年產額十二萬二千貫此の價額三十七萬七千圓に達し、優に日本一の鰻の生產地と言ひ得る程豐かである。併し昔から左樣に豐かな譯ではなく、明治三十年頃縣水產試驗場が淡水養殖の魚類の中、最も有望なものとして極力獎勵した結果▲今日の盛況を見るに至つたもので、十二萬二千貫の中五萬三千貫(十六萬七千圓)即ち總產額の半弱迄は養殖によつて獲得してゐるのである。現在縣下の養殖場は各郡を通じ約百ヶ所、總坪數九十四萬三千坪の多きに達して居り、渥美郡の十四萬坪を初め海部、幡豆、知多の順序で續る▲良好の成績を擧げてゐる。養殖は每年三四月頃、海から諸川へ上つて來る『上り子』といふ鰻の子を漁つて養殖場に放つ。養殖鰻は蠶の踊を主なる餌料に供してゐるから、脂肪過多の傾きがあり天然鰻に比して如何しても味が二番である。それで養殖鰻を買込んだ者は一週間乃至二週間位其の儘にして何等の餌を與へず、出來得る限り脂肪を拔いて▲食用に供する事にしてゐる。天然鰻は淺海や各河口或は各池沼等にゐるのを、打網や四手網、石村等を主として漁獲するもので、愛知郡の六萬六千圓を第一に海部、知多、碧海といふ順序である。それで是等多數の鰻は岐阜、京都、大阪、奈良等に輸送され、名古屋を初め豐橋、岡崎等の各都人士が口にする鰻も▲悉く縣下產のものばかりだとの事である。それは兎に角[illegible]日本全國に行き渉り、然も餘程前から行はれてゐるやうであるが、其の理由に就ては今日迄判明されてゐない。或る者の傳說に依ると、例の蜀山人が江戸で有名な或る鰻屋が一寸した失敗で非常に衰微したのを哀れみ、山人一流の頓才で其の鰻屋の前に『明日は土用丑』といふ大きな看板を掲げ▲土用丑には鰻を喰ふ

图24　报道养殖鳗鱼盛况的新闻。《新爱知新闻》（大正七年七月二十五日）

倒性地代替了天然鳗鱼，“如今，诸多老牌店铺都采用养殖鳗鱼，但小满津这家店却决然排斥，仅售六十钱的鳗鱼盖饭也不例外，冬天采用下鳗鱼（下り鰻）①，夏天则用江户前鳗鱼，甚至有时还会用如地方的四州产鳗鱼等价值很高的一等野生鳗鱼，以及精选的上鳗鱼，这是该店创业四十余年来一直严守的不朽方针。在这一点上，这家店做得非常优秀”。本山荻舟提到使用野生鳗鱼的店铺非常少，“野生鳗鱼一年年减少，另一方面，静冈、爱知供应很多低廉且体形大的养殖鳗鱼，已经占据了大部分市场，所以，现在只有前面提到的五六家店铺还在真正使用野生鳗鱼”。

因为养殖鳗鱼的普及，人们只花很低的价格就可以吃到鳗鱼盖饭。餐饮指南《大东京美食记》（昭和八年）写道：“从前有名

① 秋季为了产卵而顺流而下进入大海的鳗鱼。

的蒲烧店中，‘鳗鱼蒲烧’是高级食物之一，但可能因为养殖鳗鱼的普及，它现在的地位几乎等同于天妇罗盖饭，非常普遍，即便是在一流店铺，也可以在其附属食堂用不到一日元的价格吃到鳗鱼饭。”因为养殖鳗鱼的普及，鳗鱼蒲烧和天妇罗盖饭一样变成大众食物，即便是门槛很高的一流店铺，也可以在店内食堂里以很便宜的价格吃到鳗鱼饭。

养殖鳗鱼的普及导致市面上出现各种大小的鳗鱼。“鳗鱼饭里都是小鳗鱼”这种情况已经成了历史，人们会在鳗鱼盖饭里放上一定大小的鳗鱼。米饭上放的大蒲烧蒸制后变得更加柔软，筷子更好夹，方便食用。在米饭最上方放蒲烧和蒸制蒲烧的做法逐渐一体化并固定了下来。

食堂开始出售鳗鱼盖饭

养殖鳗鱼的普及加速了鳗鱼盖饭的大众化进程，鳗鱼盖饭开始出现在百货商店食堂的菜单中。据《不会被骗的东京指南》（大正十一年）中记载，“三越食堂”的菜单中有一道料理为“鳗鱼饭 金一钱”，白木屋则设有“鳗鱼饭·荞麦面食堂”。除了百货商店以外，其他食堂也纷纷在菜单中加入了鳗鱼盖饭。刚才提到的《大东京美食记》（昭和八年）中记载，银座“小松食堂”出售“附带鳗鱼肝汤的鳗鱼盖饭”，涩谷道玄坂“荣屋食堂”的鳗鱼盖饭也以“鳗鱼肝汤”的形式出现。可见到了这一时期，食堂出售的鳗鱼盖饭还附带鳗鱼肝汤。鳗鱼店提供鳗鱼肝汤这个做法很早就在大阪实行，但到了明治末期才出现在东京，不过在进入昭和以后，这类食堂出售鳗鱼盖饭时都会附带鳗鱼肝汤。

人们迎来了一个崭新的时代，除了鳗鱼店之外，其他店铺也开始提供鳗鱼盖饭，能够吃到鳗鱼饭的店铺越来越多，但不久后就出现了鳗鱼盖饭危机。昭和十二年七月七日发生卢沟桥事变，宣告中日战争全面爆发。战争持续，粮食匮乏，东京府在昭和十五年八月一日宣布禁止食堂、料理店等店铺使用大米，于是食堂不再提供米饭类食物，转而用其他食物代替。

《文艺春秋》昭和十五年九月号以“鳗鱼盖饭‘盖饭’”为题登载了高田保的故事。高田保走进百货商店的食堂点了一份“鳗鱼盖饭”，结果端来的却是上面盖着蒲烧的乌冬面。他向店员投诉，但没有收到明确的回复，最后放弃了。

“鳗鱼乌冬（wunagiwudonn），简称鳗鱼冬①（wunadonn），如果这样的话，那么这未必是冒牌的东西。我沉默着点点头，就没有下文了。”

鳗鱼盖饭虽然历经艰难，但其传统的味道和技术并未中断，从而形成了如今的鳗鱼盖饭文化。

“鳗鱼盒饭”的出现

如今蒲烧店的菜单中，鳗鱼盒饭（うな重）比鳗鱼盖饭（う

---

① 日文发音和鳗鱼饭（鰻丼）一样。

な丼）排得更靠前，甚至有些店根本没有鳗鱼盖饭。

庆应元年版的《岁盛记》“蒲烧和弥吉”中，店名下方写着“盖饭”“饭盒”（图25）。明治时代前，人们把鳗鱼饭装在饭盒中，到了明治时代，《风俗画报》百五十号（明治三十年十月）画有一幅图，描绘的是“鳗鱼店”二楼，店员正在运饭盒的场景（图26）。

最先把鳗鱼饭装在饭盒中的似乎是山谷一家名为“鲋仪”的店铺，《太平洋》杂志（明治三十九年八月一日号）中写道：“把鳗鱼饭装在饭盒中始于山谷的鲋仪，俗话就称之为饭盒。盒装的

图25　鳗鱼店排行榜。店名下方写有“盖饭 饭盒”（どんぶり　ぢうばこ）字样。《岁盛记》（庆应元年）

图26 “鳗鱼店”二楼，店员正在搬运放在饭盒中的蒲烧。《风俗画报》百五十号（ 明治三十年十月）

鳗鱼饭因为分量足，所以底层百姓一般都吃鳗鱼盒饭。”山谷鲋仪这家知名店铺在嘉永五年版《江户前大蒲烧》的“发起人”中被记载为“山谷 重箱”（图23），在嘉永六年版《细撰记》“鳗鱼和蒲八”中被记载为“さんや（山谷）重箱”（图21），因为把蒲烧装到饭盒中提供给客人，所以也被称为“山谷的重箱”——“重箱”在日语中的意思就是饭盒。这家店的第四代店主亦宣称“因为本店将鳗鱼饭放入饭盒中之后才端给客人，所以被称为山谷的重箱”。山谷的鲋仪最先把鳗鱼饭装进饭盒中，因为外观好看，所以这种做法变得普遍。对了，这家店如今搬到了赤坂，仍在营业中。

明治末期，出售装在饭盒里的鳗鱼饭已十分普及，但“鳗鱼盒饭”这个名字却渐渐不再出现。也许是因为即便盛放在饭盒中，却依旧被称为“鳗鱼饭”“鳗鱼盖饭”“盖饭”等名称吧。

素描《帝都复兴一览》（大正十三年）描绘了东日本大地震不久后的东京街区，其中就有竖着立式招牌和旗帜营业的“山谷重箱”，可以看到“鳗鱼盒饭四十钱”（大正十二年十二月二十日，图27）。这是一个可以确认“鳗鱼盒饭”这个名称比较早的例子。

作家中里恒久（明治四十二年—昭和六十二年）在《明治·大正·昭和的价格风俗史》（昭和五十六年）一书中描写了他关于“鳗鱼盒饭”的回忆，“当时横滨的长者町有一家名为‘下中’的鳗鱼专卖店”，然后他打电话点了外卖，在家里吃蒲烧。他回忆道：“父亲吃蒲烤小鳗鱼串，母亲和我们就吃鳗鱼盒饭，或者

图27　鳗鱼盒饭的招牌。可以看到上面写着“蒲烧 鲤鱼段浓酱汤二十钱 鳗鱼盒饭四十钱”。《帝都复兴一览》（大正十三年）

有时候和家里帮工的老奶奶一起吃鳗鱼盖饭。”这是大正十四年前后的故事，可以看出当时鳗鱼盒饭的地位比鳗鱼盖饭更高。

大正时代末期，鳗鱼盒饭的名字似乎变得流行起来。

昭和二年出生的作家吉村昭回忆少年时代称：“镇上有一家鳗鱼做得很好吃的店叫千叶屋，客人过来会把鳗鱼盒饭打包带走，这成了一种习惯。”以此表达了他对鳗鱼盒饭的怀念之情。

战后，鳗鱼盒饭虽更加普及，但也有很多人和初代歌舞伎演员中村吉右卫门（明治十九年—昭和二十九年）一样，非常爱吃鳗鱼盖饭，“总的来说，我不仅喜欢蒲烧，还喜欢在米饭上放菜的盖饭。不过我不喜欢那种放在外观漂亮的涂漆盒子里的鳗鱼饭，漆的味道会令珍贵的东西变得太普通。虽然样子可能不太好看，但盖饭好吃得多啊。所以，我总会拜托店家给我装盖饭”。

植原路郎（明治二十七年—昭和五十八年）在《鳗鱼·牛物语》（昭和三十五年）一书中写道：“关东地区所说的‘鳗鱼盒饭’是用饭盒代替丼，作为盛饭的容器，然后把蒲烧放在上面……很多老店都提供‘鳗鱼盒饭’和‘蒲烧’（有时附带米饭，有时没有），不怎么提供‘鳗鱼盖饭’。”约六十年前过渡为鳗鱼盒饭时代。

江户时代的人把黏滑难抓的鳗鱼剖开，成功做成了美味的蒲烧。过去人们把蒲烧当下酒菜，但鳗鱼店的顾客群体有限，因此配上了米饭。后来出现了鳗鱼饭（将蒲烧和米饭一起盛放在丼中）。鳗鱼饭具有蒲烧没有的魅力，变成了人气食物，因为盛放在丼中所以又被称为"鳗丼"，也就是鳗鱼盖饭［之后还诞生了鳗鱼茶泡饭，《姑娘之信》初编（天保五年）中描绘了人们把外卖蒲烧做成鳗鱼茶泡饭食用的场景］。人们还将鳗鱼饭改盛到饭盒中，称之为"鳗鱼盒饭"，外观较鳗鱼盖饭更好看，所以风头盖过了鳗鱼盖饭。

瞧，一份盖饭中也藏有戏剧性的事件呢。

第二章

天妇罗盖饭的诞生

一　始于路边摊的天妇罗

路边摊出现天妇罗

天妇罗盖饭诞生之前，江户市民都在路边摊站着吃天妇罗。

天妇罗始于路边摊。因为炸天妇罗会产生油烟，所以必须做好通风换气工作，否则有可能引发火灾。摆摊对售卖天妇罗来说是一种非常合适的营业方式，同时对客人来说也有一个好处，那就是能马上吃到在他们眼前炸好的天妇罗。

天妇罗路边摊出现于安永年间。一开始因为用的是芝麻油，所以叫“芝麻炸”，不久后有些店铺挂出了“天妇罗”的招牌。《能时花舛》（天明三年）中对此有所描述（图28）。

如《守贞谩稿》（嘉永六年）所写，天妇罗路边摊将康吉鳗鱼、黄新对虾、小斑鰶、小鲜贝、太平洋斯氏柔鱼等江户前鱼贝类做成天妇罗出售（江户不将蔬菜炸物称为天妇罗）。江户市民站着吃鱼贝类炸串，一串售价约四文（50日元）。

出现高级的天妇罗路边摊

相较于前文便宜的天妇罗，有一个在日本桥南诘摆摊的人另辟蹊径，出售用高级食材做成的天妇罗，令人一改对路边摊天妇罗的惯有印象，广受江户市民追捧。这个人名叫吉兵卫，考证随笔家喜多村信节（筠庭）称，此人促进了路边摊天妇罗的变化进程。

图28　可以看到挂有“天妇罗”几个字的路边摊。《能时花舛》（天明三年）

“文化年间初期，深川六轩堀那儿的人把松鱼做成了寿司，松鱼的吃法自此发生巨变。一个叫吉兵卫的人在日本桥南诘摆摊卖炸鱼，有些喜欢新鲜玩意儿的人还去了吉兵卫在木原店的家，那儿也出售这种食物。自此，各处的天妇罗亦发生了极大改变。食物渐渐变得奢侈起来。”

吉兵卫摆摊的时间大概是享和年间，文化年间以前。18世纪，松平定信实施宽政改革（天明七年—宽政五年），推行紧缩政策，改革结束进入19世纪后，食物充足，有些店铺开始出售高级天妇罗。著有《浮世浴池》（浮世風呂）和《浮世地板》（浮世床）等巨作的作家式亭三马亦开了天妇罗店，他在作品中称“日本桥吉兵卫的天妇罗当属日本第一吧”。

在那之前，人们花四文钱就可以买到天妇罗，但吉兵卫却用初鲣鱼、鸡蛋、鸭、日本银鱼等高级食材，吸引了众多顾客。大家都知道初鲣鱼是一种非常高级的鱼，刚上市就卖到一条二两的价格，但吉兵卫却用它来炸天妇罗，古人言“吉兵卫为松着衣”。“松”亦写作“松鱼”，指鲣鱼。虽然如今鸡蛋称不上是高级食材，但江户时代的鸡蛋很贵，一个售价约十五文，相当于一碗二八荞麦面（十六文）。

天妇罗荞麦面的诞生

就像联排房屋的店主所说，“旁边就有卖荞麦面的店，妙哉”，吉兵卫旁边就是荞麦面店主的摊位。江户市民从荞麦面店里买荞麦面，然后把喜欢的天妇罗作为顶部配料，做成自己喜欢的天妇罗荞麦面。

《柳樽二篇》（天保十四年）中描绘了天妇罗荞麦面诞生以前的故事，广场上的天妇罗路边摊旁边就是荞麦面路边摊，构成了江户版美食广场（图29）。画上写着“天妇罗之友夜鹰荞麦面”。

如果把炸好的天妇罗放进荞麦面里，那么荞麦面的汤汁就会渗入天妇罗中，荞麦面中也会增添天妇罗的鲜味。荞麦面和天妇罗的组合令人乐享美味，这种食用方法来源于江户市民的创意，而荞麦面店必然也注意到了这一点，于是菜单上出现了天妇罗荞

图29　天妇罗和荞麦面的路边摊。天妇罗路边摊上方写着“吃上四五碗天妇罗”，荞麦面路边摊下方写着“天妇罗之友夜鹰荞麦面”。《柳樽二篇》（天保十四年）

麦面。

《宽至天见闻随笔》（天保十三年）记录了宽政至天保年间的世事变迁，书中写道：“荞麦面店开始用丼做容器，而筷子的粗细被喻为荞麦面店的门面，不知从什么时候开始只用细杉筷。最近天妇罗荞麦面店和干贝荞麦面店都专注于做外卖生意，无论品级高低，都追求令顾客满意，因而产生不小损耗。”作者感叹随着社会变得奢侈，荞麦面店也在发生变化，开始推出天妇罗荞麦面。

但是，这里提到的“最近专注于外卖”究竟是什么时候的事情并不明确，文政十年有一句诗叫“泽藏主喜食天妇罗荞麦面”。

泽藏主稻荷位于小石川无量山传通院境内（现迁移至偏东地区，位于文京区小石川三丁目），《江户名胜图绘》（天保五——七年）中记载，“多久藏主稻荷社。位于境内后门。其化为鬼怪、狐狸、僧侣，自称多久藏主，夜至学堂讲法。后被请至稻荷社，成为该寺护法神”。传说这个泽藏主（多久藏主）喜欢吃荞麦面，每天夜里都会去门口的荞麦面店买。因此，如果它是狐狸的化身，而狐狸喜欢吃油炸物，那么泽藏主喜欢的一定是用炸物做成的天妇罗荞麦面。

似乎那时就已经出现了出售天妇罗荞麦面的荞麦面店，尾张藩士小寺玉晁于天保十二年记录的荞麦面店菜单中写着“天妇罗荞麦面三十二文”，当时他旅居于江户（《江户见草》）。

正如大久保今助食用蒲烧的方法推动了鳗鱼饭的诞生，吉兵卫的高级天妇罗也造就了天妇罗荞麦面，而且天妇罗荞麦面还成了荞麦面店的主力菜式，不过天妇罗盖饭却在很久之后才出现。

二　天妇罗茶泡饭店的出现

茶泡饭店把天妇罗加入菜单

继荞麦面店之后，茶泡饭店也将天妇罗列入了菜单。

天妇罗路边摊诞生于安永年间，茶泡饭店也在这一时期问世，《亲子草》（宽政九年）中写道："茶泡饭店等出现于安永元年，位于浅草并木町左侧，挂着写有'海道茶泡饭'的灯笼，当年并无其他店，但近年各种店铺随处可见。"

由此可见，安永元年出现了一家叫"海道茶泡饭"的茶泡饭店，之后茶泡饭店的数量逐渐增加，茶泡饭趋于流行。"今年茶泡饭问世，水晶花、棣棠等店铺都挂出了招牌"——如《振鹭亭嘶日记》"茶泡饭"（宽政三年）中所写，各种名字的茶泡饭店相继诞生。虽然如今的东京已经看不到这种场景，但当时的江户城有很多茶泡饭店，江户市民花十二文钱就能买一碗茶泡饭填饱肚子（图30）。

江户后期甚至推出了"江户优质蒲烧茶泡饭排名"等排行榜，图中为四十一家茶泡饭店的排名，可见茶泡饭店极其繁荣（图31）。

十返舍一九所著《金草鞋》十五编（文政五年）中描绘了人们在茶泡饭店吃饭的场景，茶泡饭店仅提供酱菜、奈良风味腌菜、梅干、煮梅、座禅豆（煮豆）、红烧菜肴等简单的食物作为茶泡饭的配菜（图32）。

图30　目黑的茶泡饭店。招牌上写着“茶泡饭 一碗 十二字（文）”。《江户名胜绘本》（文化十年）

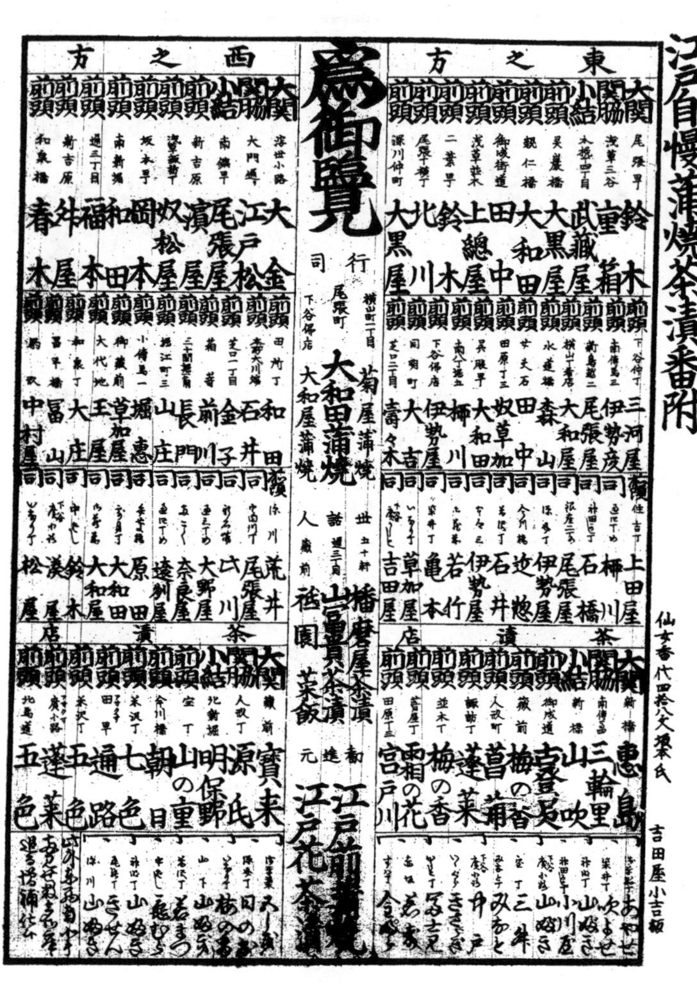

图31　茶泡饭店排行榜。排行榜下方排列着四十一家茶泡饭店。“江户优质蒲烧茶泡饭排名”（江户后期）

图32 茶泡饭店店内。客人面前摆放着茶泡饭套餐，画面最左侧正温着要端上桌的茶壶。《金草鞋》十五编（文政五年）

到了嘉永年间，这种茶泡饭店把天妇罗也加进了菜单，天妇罗茶泡饭店就此诞生。江户时代的人一般都吃得很清淡，几乎不食用兽肉类和油脂类食物，对他们来说，油腻的天妇罗是个异类，路边摊潜心研究如何让人吃到清淡的天妇罗，于是他们把萝卜泥作为附赠的小菜。天妇罗茶泡饭店巧妙地用茶泡饭的茶代替路边摊的萝卜泥，生意非常红火。

天妇罗茶泡饭店的昌盛

嘉永二年，江户人鹿岛万兵卫在江户堀江町四丁目（中央区日本桥小网町）出生，多年后他记录了自己在幕府末期到明治初期的江户生活："天妇罗并不是上流料理，大多在快餐店出售，更没有专卖店。我记得大部分是路边摊，而在天妇罗茶泡饭店，单人份天妇罗（附米饭）售价二十四文到三十二文不等，最贵的大概四十八文，明治维新以后卖到百文。"

嘉永五年，江户也流传着维新时期的故事，出生在下谷的雕刻家高村光云提到"茶泡饭"非常流行，比如"信乐茶泡饭"、附带美味奈良风味腌菜的"奈良茶泡饭""曙光茶泡饭""宇治里"、附带五种珍品的"五色茶泡饭"、附带各种腌菜的"七色茶泡饭""蓬莱茶泡饭""天妇罗茶泡饭"等，还描述了人们在茶泡饭店里一起吃天妇罗和茶泡饭的场景："那时，只出售天妇罗的基本都是路边摊，有正式店面的必定是某某茶泡饭店。日本桥大道三丁目有一家叫'纪伊国店'的天妇罗茶泡饭店，虽然评价很差，但一人份的售价也要七十二文。一般的售价差不多是三十二文，如果花百文（一钱）即可任意吃全天。"

天妇罗店诞生后也出售茶泡饭，《天妇罗通》（昭和五年）作者、天妇罗店店主野村雄次郎认为天妇罗和茶泡饭是完美搭档，他说道："我小时候的天妇罗店呀，灯笼上都写着'茶泡饭'。应该没有像天妇罗和茶泡饭这么合适的搭配了吧？尽管入口浓厚，但之后又觉得很清爽。"

天妇罗茶泡饭早于天妇罗盖饭

如《天妇罗通》记载，客人食用油腻的天妇罗后，天妇罗店会提供清淡的茶泡饭，但在天妇罗茶泡饭店，客人也可以直接食用天妇罗茶泡饭。

在茶泡饭店，店家会把米饭和茶壶一起端上桌，米饭盛在茶碗中，茶壶里则灌有热茶。米饭顶端放着天妇罗，倒入茶壶里的茶后即为天妇罗茶泡饭。

据记载，出生于明治三年的三田村鸢鱼曾表示："别人带我去吃过天妇罗茶泡饭，不过我只记得我经过了一个铺席房间，可最重要的，天妇罗茶泡饭长什么样子我完全没有印象了。"因此，当他遇到比他年长的画家武内桂舟（生于文久元年）时，他问武内桂舟天妇罗茶泡饭长什么样，武内桂舟答道："稍微放一些煎焙精盐，从上方浇注热水，这就是茶泡饭。"虽然写的是"浇注热水"，但因为是"茶泡"，所以这里的"热水"指的应该是热茶。

木下谦二郎也予以证实："也有人把天妇罗放到刚出锅的米饭上，加食盐，倒入热焙茶，做成茶泡饭品尝。"天妇罗茶泡饭的调味料似乎变成了盐。

如后文所述，天妇罗盖饭诞生于明治时代，因此天妇罗茶泡饭出现得更早。

出现天妇罗专卖店

即使时代变迁，江户成了东京，但天妇罗茶泡饭依然很受欢迎。据明治九年五月六日的《东京曙新闻》报道，“神保町那儿开了家天妇罗茶泡饭店叫‘白梅’，价格低廉且美味，因此生意日渐兴隆，两个店主早年均为贵族，收入有十万余石，他们按商法投入了三千日元的本金，并预测收益良好”。他们二人原为大名，后斥巨资创办天妇罗茶泡饭店，因为价格便宜又好吃，所以生意非常好。

荞麦面店诞生了天妇罗荞麦面，天妇罗茶泡饭店也生意兴隆，人们在店里吃天妇罗的机会越来越多。“专门做天妇罗的一定是路边摊”这样的时代正在改变，明治时代出现了天妇罗专卖店。斋藤月岑所著《武江年表》后篇“附录”（明治十一年）记载了明治初期的流行物，其中写道：“天妇罗店。最近出售天妇罗的商铺越来越多。”

天妇罗店越来越多，明治八十八年版《东京流行细见记》“本芝麻店炸”中可以看到“木原店中宗”等三十五家天妇罗店的店名（图33）。店名右侧标注了地址，由此可见东京多地都出现了天妇罗店。

莺亭金升写道：“天妇罗是江户人吃的东西……天明时代以来，江户的路边摊开始出售天妇罗，接着是天妇罗茶泡饭店，后来又成了高级料理店的餐食，”可见天妇罗从路边摊食物演变成茶泡饭店的餐食，后来又成为天妇罗店的菜品。

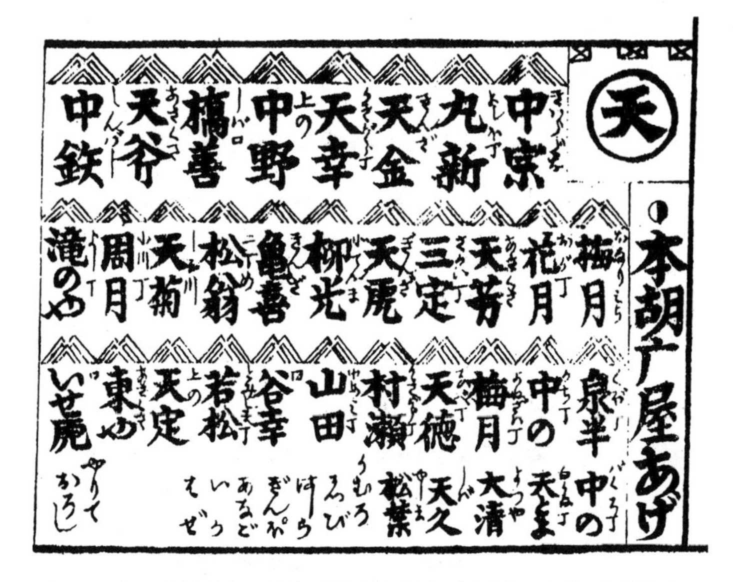

图33　天妇罗店铺排名。店名下方写着“虾、小鲜贝、云鰤、康吉鳗鱼、太平洋斯式柔鱼、鰕虎鱼”。《东京流行细见记》（明治十八年）

三　天妇罗盖饭的诞生

开始出售天妇罗盖饭

明治时代出现天妇罗专卖店后，某些店铺又开发出了新产品——天妇罗盖饭。前文提及的《东京流行细见记》“本芝麻店炸”中有家名为“丁中”（ちか丁　中の）的店（从上往下数第三行，从右往左数第二家）就是创新店铺之一。《东京名物志》（明治三十四年）中写到，“仲野为天妇罗盖饭始祖，二十五六年前的最初售价为七钱”，《月刊食道乐》（明治三十八年十一月号）中记载，“天妇罗盖饭的始祖是神田锻冶町的仲野。始于明治七八年前后”。

路边摊的天妇罗是蘸酱汁食用。把天妇罗酱汁、天妇罗和温热的米饭一起装在一个碗里就是天妇罗盖饭，一经售出便备受欢迎，金子春梦在《东京新繁昌记》（明治三十年）中描写了其繁荣之状：“仲野，地处神田区锻冶町今川桥北二丁附近。天妇罗始祖。二十余年前，该店店主发明出新吃法，将天妇罗放入丼中，一人份售价七钱，这就是天妇罗盖饭的起源。该店选用的鱼类既新鲜又便宜，因此备受客人喜爱，每天不过夜晚十二点不关门成了其一大特色。”

正如文中所写，“该店选用的鱼类既新鲜又便宜”，“仲野”此店继承了江户前天妇罗的传统，仅用鱼贝类天妇罗做天妇罗盖饭，售价七钱。因为那时的鳗鱼盖饭要卖二十钱，所以人们只要花鳗鱼盖饭三分之一左右的价格就能吃到天妇罗盖饭。用于炸制天妇罗的食材应该是《东京流行细见记》中看到的“虾、小鲜贝、云鳚、康吉鳗鱼、太平洋斯式柔鱼、鰕虎鱼”等江户前鱼类。另外，《守贞谩稿》“卷之五”中记载天妇罗荞麦面里的天妇罗是“三四只油炸黄新对虾”，我想店家应该也提供了类似的天妇罗盖饭，取三四只黄新对虾裹面衣炸制后放于米饭之上。如今浅草的某些天妇罗盖饭店依然会把黄新对虾天妇罗作为名品出售。

出售天妇罗盖饭的店铺位于神田锻冶町附近，那里因为商人和工匠聚集而逐渐发展。仲野出售天妇罗盖饭时，市面上出现了很多夜市摊，据明治八年六月七日的《东京日日新闻》报道，“最近入了夏，夜市生意好得令人叹为观止。有人待了一夜调查，结果显示，从今川桥警视分厅前开始，途经锻冶町大道，一直到眼镜桥，共计四百五十人摆摊，其中七十八人卖的是食物，仅锻冶町一町内就有二十七人”。可见到了夏天，从今川桥到眼镜桥（今万世桥）大道（如今的中央大道）上有四五十个夜市摊位，非常热闹，仅锻冶町就有二十七家餐饮店。天妇罗盖饭十分出名，到深夜客人依然络绎不绝。

对于结束了一整天工作的店员和工匠来说，便宜、好吃、量大的天妇罗盖饭是最适合填饱肚子的食物。

天妇罗盖饭店增多

出售天妇罗盖饭的店铺越来越多。如《东京风俗志》（明治三十四年）中所写：“天妇罗是京城人喜欢吃的食物，售卖天妇罗的店非常之多，大多都很便宜。一般是天妇罗套餐和天妇罗盖饭，天妇罗套餐是指单独的米饭和天妇罗，天妇罗是配菜；天妇罗盖饭则是将煮好的天妇罗置于米饭之上。噢，就像烤鳗鱼套餐和鳗鱼盖饭的区别一样。专门炸果蔬店的蔬菜而不加鱼肉的被称为炸蔬菜。”人们在天妇罗店吃的一般是天妇罗套餐和天妇罗盖饭，天妇罗盖饭成了经典菜品。因为天妇罗店的诞生，米饭超越茶泡饭成了天妇罗的搭档。对了，这里所说的天妇罗和炸蔬菜并不是一回事。

后来，路边摊也开始出售天妇罗盖饭。杂志《太平洋》（明治三十六年十二月十日号）记载了路边摊出售“天妇罗”的必备信息，分别为“工具”“原料”“各种所需物品”“价格”“产量”“顾客群体”。

“原料”处写着“云鰤、康吉鳗鱼、虾、乌贼、章鱼、扇贝等均需前往河岸捕获，因为有时捕不到鱼，所以以上品种并非全有”，“价格”（售价）处写着“一个约一钱至一钱五厘，鱼最稀缺时会涨价，因为食材很贵。天妇罗盖饭的市价为上等品十二钱，中等品十钱，下等品八钱”。（图34）

另外，路边摊也出售用江户前鱼贝类制作的天妇罗盖饭。

天妇罗盖饭的食用方法

《东京风俗志》记载，人们将天妇罗煮过后再放到米饭上，“米饭放置于丼中，天妇罗煮后置于其上即为天妇罗盖饭”。我手边的大正时代料理书中也写着将天妇罗“稍微”煮制（浸汤汁）后置于米饭上方。

• “按前文所写的分量在锅中倒入高汤、甜料酒和酱油，加热沸腾两三次后放入前文提到的天妇罗，略加煮制后，将刚出锅的米饭放入丼或茶碗中，上面放置天妇罗，注意不要把它弄碎，接着浇上汤汁，盖上盖子即可上桌。”

• “高汤、甜料酒、酱油、砂糖等一起煮开，撇去浮在上面的泡沫，将之前的炸物放入长柄勺中，然后把长柄勺一一放入汤里，过一下马上取出。米饭正常煮即可，出锅后放入丼茶碗里，上面

图34　天妇罗路边摊。拉门上写着“天”字。“两国开奖纳凉焰火之图”。《临时增刊风俗画159号》（明治三十一年二月二十五日）

放上食材，浇少许汤汁后盖上盖子，稍后即可食用。”

- “将刚才的汤汁煮沸，天妇罗稍微浸一下汤汁后捞起放在米饭上，浇少许剩下的汤汁。”

此外，人们也会在盛有天妇罗的天妇罗盖饭上淋上酱汁后再食用，如现在常见的食用方法一样。

- “天丼是天妇罗盖饭的简称。在丼中盛上热饭，比例约为六成，上方放置两个天妇罗，浇适量酱油，外围放上山葵、萝卜泥、浅草海苔。”

- “将虾、乌贼等食材做成天妇罗，然后把煮好的米饭放入钵中，取三四个天妇罗放在米饭上，鲣鱼高汤中加酱油调味，随后浇少量于天妇罗之上，接着盖上盖子放入蒸笼中蒸制。不用蒸很久，待热气上涌，两三分钟后即可取出，此时味道最佳。”

- “在茶碗或带盖的丼中盛上热饭，放上天妇罗，然后汤汁加砂糖、酒、酱油煮沸后浇到天妇罗上，放入蒸笼稍加蒸制后即可上桌。”

如果是将天妇罗煮制后再放到米饭上，那就是盖上丼的盖子后再行蒸制；而如果是将天妇罗放到米饭上再淋酱汁，则是放在蒸笼中蒸制。总之，蒸制成了烹制天妇罗盖饭的一大特征。《天妇罗通》（昭和五年）的作者说道：“先大口咬天妇罗，因为酱汁和米饭热气腾腾的，天妇罗已稍显酥软，然后再往下挖，狼吞虎咽地把被渗满酱汁的米饭吃进嘴里。虽然酱汁中混入了些许天妇罗的油脂味，但依然香醇。”如今，虾尾和康吉鳗鱼等食物都不再作为盖饭的食材，甚至有不盖盖子就直接端上桌的盖饭。可是在明治到昭和初期，客人能够品尝到米饭和天妇罗合为一体的美味。

四　天妇罗盖饭的普及

出现天妇罗盖饭的名店

随着天妇罗成为天妇罗店的经典菜式，天妇罗盖饭名店也应运而生，如新桥桥善。桥善就是《东京流行细见记》“本芝麻店炸”（明治十八年）中提到的“新桥 桥善”那家老牌店铺，沿着银座大道南下，走过新桥（一座桥的名称）就到了（图33，第79页）。《月刊食道乐》（明治三十八年五月号）中写道：“新桥的桥善和天金一样有名，这家店有很妙的但书……一落座，女仆（四五人，年纪在12—18岁）就会询问：‘您是吃饭还是喝酒？’价格表显示，上等天妇罗二十钱，普通的十三钱，天妇罗盖饭也一样。米饭四钱，腌菜一钱，酒八钱，也出售啤酒。其他还有刺身和醋拌凉菜，十钱。价格表最后的索引写有很妙的但书。‘点菜时，一名饮酒者最多可点四合，超过概不接受。’”《东京名物志》（明治三十四年）中也有介绍，“因为挑选的是鱼苗，所以非常美味。一位饮酒者不能点四合以上的鱼”。桥善用刺身和醋拌凉菜吸引酒客，但限制客人喝酒的量，同时出售精心制作的天妇罗和天妇罗盖饭，成了一家知名的天妇罗店铺。

出生于明治二十七年的知名美食家兼作家小岛政二郎回忆道："我在三田上学时……桥善的天妇罗盖饭售价二十五钱。天金这家店没有天妇罗盖饭，天妇罗的售价可能是五十钱。天金的天妇罗是上等品，而桥善的天妇罗则是最下等的品类，不过味道不错，符合江户平民的喜好。"这是大正五年前后的事情，桥善推出了面向大众的天妇罗盖饭，量足，收获了民众好评。大正十二年刊的《东京知名食物排行榜》对东京的知名美食进行了排名，其中桥善的排位是"小结 新桥桥善 天妇罗盖饭"（图35）。

对了，灵严岛大黑屋的鳗鱼盖饭在这个排行榜中位列"大关"，评价较天妇罗盖饭更高。

之后，桥善的天妇罗盖饭非常火爆，门前经常有人排队，《东京知名饮食记》（昭和四年）中写道："桥前面有一家叫桥善的店，出售面向大众的天妇罗，分量很足。那家店的天妇罗盖饭食材很丰富，即便是不太饿的顾客也能吃得精光。但缺点在于容器并不是上等品。"小岛政二郎提到战后的桥善时表示："桥善过去极其火爆，现在也是，如果碰上饭点人满为患，连坐的地方都没有，因为一百日元就能吃到带味噌汤的天妇罗盖饭，生意当然好啊。只是味道不如过去了。"昭和三十年前后的鳗鱼盒饭售价三百五十日元，因此只要花三分之一左右的价格就能吃到带味噌汤的天妇罗盖饭。虽然桥善的生意一直不错，但正如小岛政二郎所说，或许是因为味道不如过去，它在平成十四年歇业。

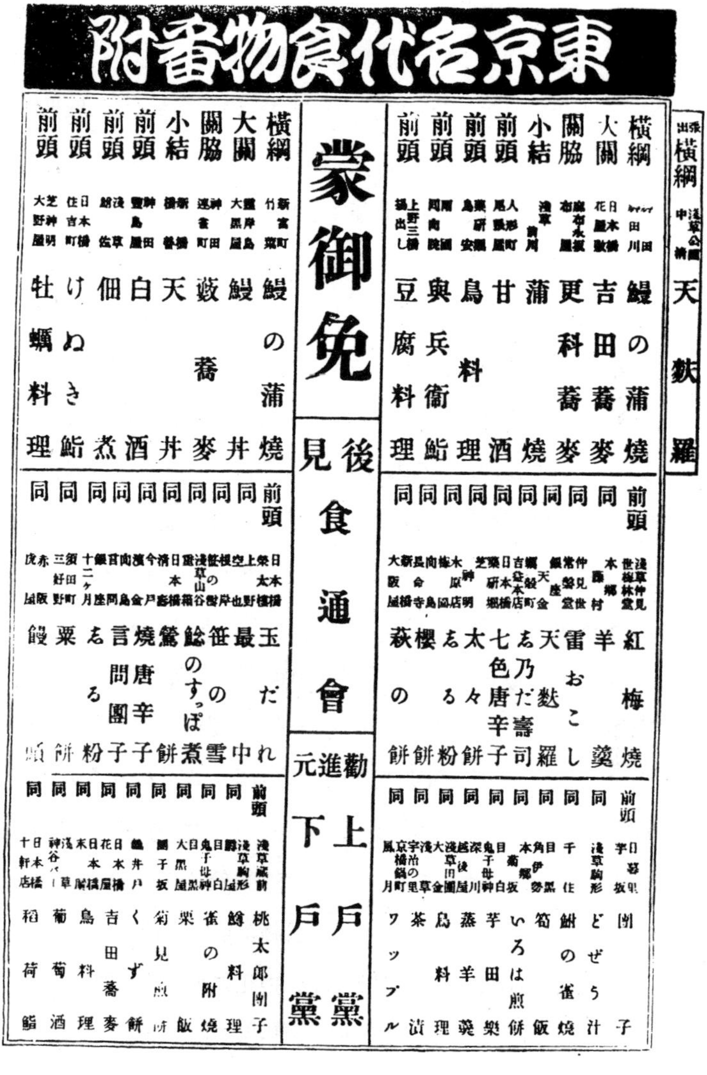

東京名代食物番附

蒙御免

番付	所在・店名	名物
横綱	神田 神田川	鰻の蒲焼
大関	日本橋 花屋敷	吉田蕎麦
関脇	麻布永坂 布屋	更科蕎麦
小結	浅草 前川	蒲焼
前頭	人形町 尾張屋	甘酒
前頭	薬研堀 鳥安	鳥料理
前頭	両国 回向院	與兵衛鮨
前頭	上野三橋 揚出し	豆腐料理

番付	所在・店名	名物
横綱	新富町 竹葉	鰻の蒲焼
大関	霊岸島 大黒屋	鰻丼
関脇	神田連雀町 藪	藪蕎麦
小結	新橋 橋善	天丼
前頭	神田 豊島屋	白酒
前頭	浅草 鮒佐	佃煮
前頭	日本橋 住吉町	けぬき鮨
前頭	芝神明 大野屋	牡蠣料理

張出横綱　浅草公園 中清　天麩羅

後見　食通會

勧進元　上戸黨　下戸黨

番付	所在・店名	名物
前頭	浅草仲見世 梅林堂	紅梅焼
同	本郷 藤村	羊羹
同	仲見世 常盤堂	雷おこし
同	銀座 天金	天麩羅
同	[illegible]	志乃だ壽司
同	薬研堀	七色唐辛子
同	芝神明	太々餅
同	木原店 梅園	志る粉
同	向島 長命寺	櫻餅
同	新橋 大阪屋	萩の餅

番付	所在・店名	名物
前頭	日本橋 榮太樓	玉だれ
同	上野 空也	最中
同	根岸 笹の雪	笹の雪
同	浅草山谷 重箱	鯰のすっぽ煮
同	日本橋 [illegible]	鶯餅
同	今戸 [illegible]	燒唐辛子
同	向島 言問	言問團子
同	銀座 十二ヶ月	志る粉
同	須田町 三好野	粟餅
同	赤阪 虎屋	饅頭

番付	所在・店名	名物
前頭	日暮里 芋坂	團子
同	浅草駒形	どぜう汁
同	千住	鮒の雀焼
同	目黒 角伊勢	筍飯
同	本郷菊坂	いろは煎餅
同	目白 鬼子母神	芋田楽
同	深川 越後屋	蒸羊羹
同	浅草田圃 大金	鳥料理
同	浅草 宇治の里	茶漬
同	京橋鍋町 風月	ワッフル

番付	所在・店名	名物
前頭	浅草藏前	桃太郎團子
同	浅草駒形 鶉屋	鶉料理
同	目白 鬼子母神	雀の附焼
同	目黒 大黒屋	栗飯
同	團子坂	菊見煎餅
同	龜井戸	くず餅
同	日本橋 [illegible]	吉田蕎麦
同	日本橋 末廣	鳥料理
同	浅草 神谷バー	葡萄酒
同	日本橋 十軒店	稲荷鮨

图35　位列小结的天妇罗盖饭。《东京知名食物排行榜》（大正十二年）

高级天妇罗店也出售天妇罗盖饭

天金这家店虽然一直很有名，但相较于大众化的桥善，它属于高级的天妇罗店。天金和桥善被一同登载于《东京流行细见记》“本芝麻店炸”中，记载为“银座 天金”（图33，第79页），明治二十三年刊的《东京百事便》介绍它是“都城内知名的天妇罗店”。

其中写道：“天金位于银座四丁目，是都城内知名的天妇罗店。一人份售价十五钱（三种），可按喜好调整口味。虽然食客都是绅士，但喜欢吃天妇罗的顾客都在一个房间里一起吃。还有一件事应该算是这家店的奇闻逸事，店里所有的男雇员都梳着丁髻，散发者一律不予聘用。”这家店雇的男性职员全都梳着丁髻，时代感扑面而来，明治二十三年二月二十日的《东京日日新闻》刊登的插图显示为女店员为客人提供服务（图36）。

明治二十年的荞麦面售价为一钱，洗澡收费一钱三厘。明治二十五年，劳动者每天的工资为十八钱。相比之下，尽管这家店的座位是混座，但三种菜式一起上的价格为十五钱，还是偏贵，不过生意依旧不错。明治三十四年刊的《东京名物志》称赞道：“未食此店天妇罗者不知何为天妇罗。一人份虽然比其他店价高但分量大。”

正如小岛政二郎所说，“天金没有天妇罗盖饭”，天金作为一家高级店铺并不出售天妇罗盖饭，但后来也发生了变化。出生在天金之家的文学家池田弥三郎（生于大正三年）说：“当时社会境

图36　天金店内。女店员端着餐食，餐具上有“天金”二字。《东京日日新闻》（明治二十三年二月二十日）

况跌入谷底，我父亲也关了他的书画店‘银座美术园’，这家店就开在天金旁边，起先是父亲出于爱好开的，后来改成了餐饮店，主要出售面向大众的廉价天妇罗盖饭。那会儿是昭和五年十月。天妇罗盖饭售价三十五钱，汤十五钱，附赠有名的清香咸菜。”这一尝试取得了成功，《大东京美食记》（昭和八年）中写道：“天金……作为一家顶级天妇罗店铺以及银座的名店着实久违，旁边设有独立的食堂，楼下是坐式的，挂有招牌，招牌上写着天妇罗（七十钱），盖饭（五十钱，指装在碗中的天妇罗盖饭），始终紧跟时代潮流，深表钦佩。”

天金最初位于银座四丁目（现和光西侧），大正七年搬至马路对面（银座五丁目），天金食堂就建于新建的总店旁边，天妇罗盖饭装在名为“丼碗”的碗中，售价才五十钱，非常便宜，人们十分开心地表示“天金食堂的确是天妇罗爱好者不可错过的地方”（图37）。即便像天金这样的高级店铺也必须跟随时代潮流出售天妇罗盖饭，对于天妇罗店来说，天妇罗盖饭成了不可或缺的菜品。

后来因为战祸，天金被毁，虽然战后马上重开，但还是于昭和四十五年歇业。

荞麦面店里的天妇罗盖饭

正如前文所说，荞麦面店在江户后期推出了天妇罗荞麦面（第69页）。但是，天妇罗盖饭却并未登上荞麦面店的菜单，平山芦江（明治十五年出生的报社记者）在《东京记忆账》（昭和二十七年）中记录了荞麦面店发生的变化，天妇罗盖饭的时代已经到来——“明治年间，日俄战争结束后，东京夜晚的城镇中响彻着唢呐的悲乐。叉烧面、馄饨面、拉面等油腻食物取代了什锦乌冬火锅和风铃荞麦面，和天妇罗盖饭一起挤进了荞麦面店的菜单，那些有棱有角的好看的椅子被扔到了一边，怪怪的圆桌和有些破旧的椅子则被搬入了那家有浅绿色荞麦面招牌的店里”。

虽然这里并未明确写出荞麦面店出售天妇罗盖饭的具体时期，但餐饮店指南《食行脚》（大正十四年）以“荞麦面店丼的始祖”为题记载，“盖饭在荞麦面店的历史并不久远。大正元年，新宿

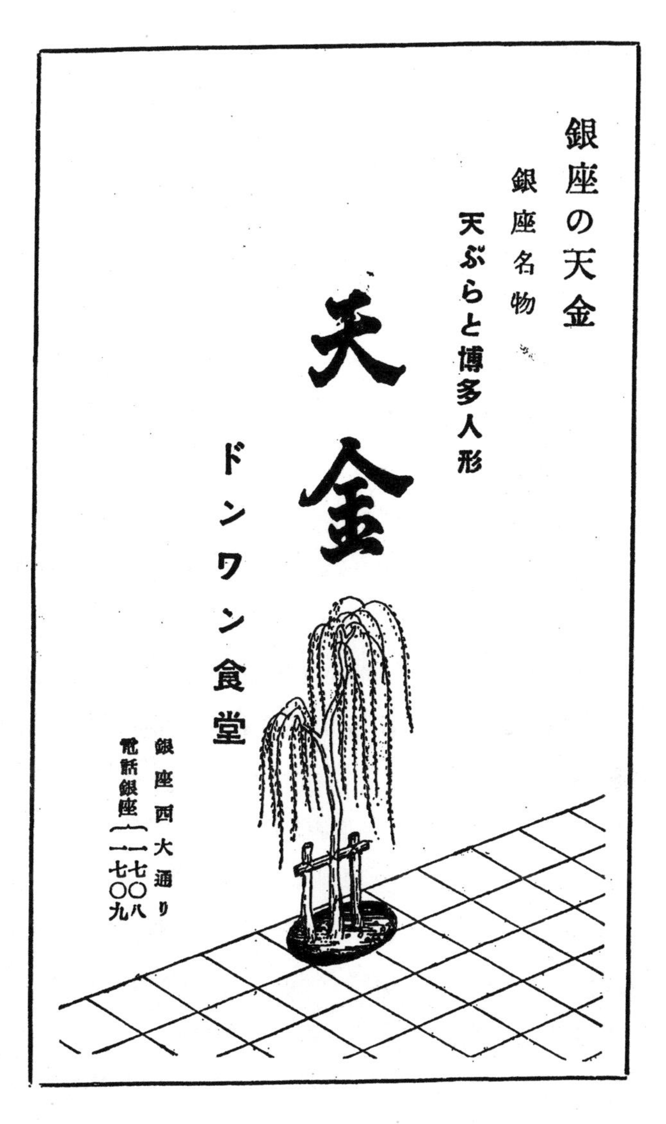

图37　天金的广告。写着“井碗食堂”。《大东京美食记》（昭和八年）

武藏野馆里的船桥屋最先出售了天妇罗盖饭和滑蛋鸡肉盖饭，为当时很多同行所不齿。但后来浅草仲见世的万屋也开始卖天妇罗盖饭，不久荞麦面店遍布全市，于是各家都开始从事所谓的饭店生意”。

大正元年，新宿武藏野馆里的船桥屋开始出售天妇罗盖饭和滑蛋鸡肉盖饭，之后这种荞麦面店在市内越来越多，据杂志《风俗》（大正六年六月一日号）报道：“二、三年以来，越来越多的荞麦面店开始兼卖天妇罗盖饭和滑蛋鸡肉盖饭。一开始它们计划摆在火车站前等旅客多的地方，但因为各地都有天妇罗、鸡肉、鸡蛋等主要食材，所以规模逐渐扩大，从一家店铺发展到两家店铺，再到如今‘龙丸书法’招牌旁边一定能找到这个特别的招牌。所谓‘龙丸书法’是荞麦面店专有的书法风格。这也是东京地区文化发展的表现之一。”因为荞麦面店本来就有天妇罗、鸡肉、鸡蛋，所以可以做出天妇罗盖饭和滑蛋鸡肉盖饭，而且这样的店铺越来越多。

大正元年前后，部分荞麦面店开始出售天妇罗盖饭和滑蛋鸡肉盖饭，大正三、四年，这种店铺越来越多。关东大地震后不久，东京街区从北到南到处都能看到盖饭的招牌，那时大概有六百多块临时招牌。《新帝都招牌考》（大正十二年）描画了这些场景，图38是深川公园附近的一家荞麦面店里挂的招牌，写有“荞麦 天妇罗盖饭 滑蛋鸡肉盖饭 薮平”（大正十二年十一月二十八日的素描）。由此可见，荞麦面店的确有推出天妇罗盖饭。

图38　荞麦面店招牌。招牌上写着“荞麦 天妇罗盖饭 滑蛋鸡肉盖饭 薮平”。《新帝都招牌考》（大正十二年）

昭和五年曾出版过一部叫《荞麦通》的作品，作者感叹："有些荞麦面店的庭园中还能窥见往昔的面貌，但地震后全都消失不见，后来东京那些代表性的荞麦面店全都在入口处没铺地板的地方摆上了桌椅，变成了简易食堂，虽然这是应时代所需不得已而为，但把重要的荞麦面降为第二顺位，优先售卖滑蛋鸡肉盖饭、天妇罗盖饭和中国荞麦面等，可真是让人心中没底。"不过，"荞麦面店出售天妇罗盖饭"确然成了传统。

东京有不少荞麦面店，据统计，明治十年东京府内共有六百二十四家荞麦面店（《明治十年东京府统计表》，明治十一年），昭和十一年，两千五百余名荞麦面店经营者加盟"大东京荞麦商工会"。因为荞麦面店把天妇罗盖饭加到菜单中，天妇罗更成了日本人的日常食物。

天妇罗盖饭成为东京特产

出生于明治二十六年的露木米太郎，是银座"天国"的第二代店主，他表示，那些主营天妇罗盖饭的店铺一年到头都在精心制作天妇罗盖饭，"这些店从做面衣的方法开始就很别致，天妇罗盖饭用的酱汁和天妇罗用的酱汁也是分开制作的"。除此之外，他还骄傲地表示，"对于如何制作江户独特风味的天妇罗盖饭酱汁，各店店主都下了很大功夫，他们悄悄地去其他店试吃，然后吸取个中优点，相互学习和竞争，所以天妇罗的味道正是东京的特产，可以说是其他地方绝对无法效仿的江户独特风味"。东京的天妇罗店非常注重天妇罗盖饭里天妇罗的面衣和酱汁，他们用精巧的工艺将天妇罗盖饭打造成了东京特产。当时人们能在东京吃到美味的天妇罗盖饭，如今亦然。

江户平民在路边摊吃的江户前天妇罗在江户城与荞麦面相遇，变成了天妇罗荞麦面，又和茶泡饭相遇诞生了天妇罗茶泡饭，甚至和米饭相遇产生了天妇罗盖饭，并荣升为东京特产，满足我们的口腹之欲。

第三章

滑蛋鸡肉盖饭的诞生

一　不吃鸡肉的日本人

养鸡以报时

滑蛋鸡肉盖饭是指以鸡肉和鸡蛋为主要食材烹制而成的料理。如今想吃这种盖浇饭非常方便，但其实它的诞生颇为不易。

在日本，据说大约两千年前就有人养鸡和食用鸡肉，但到了天武四年四月十七日，天武天皇颁布禁令，禁止国民食用牛肉、马肉、狗肉、猴肉及鸡肉，曰："自今以后，莫食……牛马犬猿鸡之宍，以外不在禁例。如有违者，按罪论处。"

因此普通人很难吃到鸡肉。养老五年七月二十五日，元正天皇又下令禁止饲养鸡和猪，并要求民众将已饲养的鸡和猪都放生至原栖息地，曰："各国所饲鸡、猪悉数放生，遂使其归于天性。"

由此，日本人养鸡越发艰难，不过并不至于完全不能养，只要非食用即可，所以人们养鸡只是用来报时。室町时代的公卿万里小路时房于嘉吉三年六月二十三日在日记《建内记》中写道："他朝养鸡以食，然，我朝仅以报时。"

安土桃山末期，宣教士罗德里格斯（1577—1610年居于日本）来到日本，其证实，"饲鸡、野鸭、家鸭仅以娱乐，而非食用。因王国（日本）将猪、鸡、牛等视作不净之物，故一般不食用"。可见当时，日本视鸡为不净之物。

在不吃鸡肉的时代，人们养鸡的方式亦和如今不同，他们通

图39　平安时代末期的斗鸡。雄鸡正在决一胜负。《年中活动画卷》住吉家摹本（江户前

寝殿
南面

常将雄鸡与雌鸡在庭院成对放养，因此鸡也被称为“庭鸟”。《名语记》（建治元年）中记载：“问：何为庭鸟？答：鸡也。因饲于庭院而得其名。”

正如罗德里格斯所言“饲鸡、野鸭、家鸭仅以娱乐”，日本自古便有观赏斗鸡的活动。平安时代，“斗鸡”成为三月三日日本皇室的传统节日活动（图39）。

爱吃野禽肉

日本人不吃鸡肉，但爱吃野禽肉。

室町时代的有职故实在《海人藻芥》（应永二十七年）中记载，“大禽肉取天鹅、雁、野鸡和野鸭，小禽肉取鹌鹑、云雀、麻雀和鳴，以外不作御膳（天皇的食物）”。由此可知，野禽肉为以天皇为首的公家、武家的膳食。

其中，野鸡是最贵重的食材。因野禽大多来自国外，所以可捕获的季节十分有限，而野鸡长于山野，四季均可捕获，因此平安时代宫廷宴会的禽类料理大多以野鸡为主要食材烹制。

镰仓末期，野鸡被视作最高贵的禽类，《徒然草》（元弘元年前后）中记载，“野鸡乃禽中珍品也”。人们极其珍视野鸡，到了室町时代甚至“言禽即谓野鸡”。尤其是被鹰抓走的野鸡被称为“鹰之禽”，为顶级佳肴。

不过，织田信长和丰臣秀吉掌握霸权后，大众对于野禽的价值观发生了变化，宴会和茶会的菜单中，鹤开始为人们所重视。

当时非常流行举办茶会，前文中提到的罗德里格斯在其著书《日本教会史》第七章中就茶会菜单写道："在捕获的禽中，日本人最重视鹤，其次是天鹅，最后是野鸭，在盛宴的品茗会中，高官为了让菜肴更隆重，必上这几种肉。"德川将军家亦传承此观念，将鹤视作顶级鸟类。

食用鸡蛋

天武天皇颁布的肉食禁止令并未规定禁食鸡蛋，鸡蛋也不像鸡肉那样有所禁忌。

佛教故事集《日本灵异记》（弘仁年间）第十卷中记载，有一名男子"常寻鸟蛋煮食"，后来他被陌生的士兵押入一片燃烧的麦田烧死。于是，烤煮鸡蛋者被警告"死后将坠入灰河地狱"。所谓灰河地狱即八热地狱附属的十六游增地狱之一，罪人会被扔入如河水般流淌的热灰中折磨。

此外，无住和尚所著《沙石集》（弘安六年）中以"吃鸡蛋者会得报应"为题写过一个故事，故事讲的是尾张的一名女子宰杀了好几个鸡蛋给她的孩子吃，她的报应就是失去了两个孩子。

这两个故事讲的都是因为佛教有杀生戒，所以人一旦吃了鸡蛋就会恶报加身。但换个角度来看，这意味着确实有人吃鸡蛋。

此外还有些人一边吃鸡蛋一边赏花。源显兼所著《古事谈》（建历二年—建保三年）"第二 臣节"中记载，举办赏樱宴时，一个叫藤原味惟成的廷臣让杂工（从事杂役的男性）挑着“长柜饭二、外居鸡子一、折柜捣盐一杯”，当他们到达时，参加赏樱宴的人群中传来呼声。“外居”是一种圆筒形容器，由弯曲的薄板制成，用于存放及搬运食物，外面有三根向外翘的脚（图40）。里面装的是鸡子（鸡蛋），应该有不少。折柜（桧木薄板弯曲后制成的箱子）中装的是“捣盐”（捣碎后的细盐）。于是眼前能浮现出这样的场景：观赏者一边眺望着樱花，一边吃着撒了盐的煮鸡蛋。

无住和尚在《沙石集》中写到，若食鸡蛋会恶报加身。而《杂谈集》（嘉元三年）“卷之二”中却记载着喜食鸡蛋的破戒僧的笑话。

图40　挑着外居的男子。《春日权现验记绘》（延庆二年）

“某高僧取鸡蛋煮食，对小和尚谎称其所食为腌茄子。小和尚知其事实，欲揭发，鸡于拂晓鸣，问其：‘茄之父正鸣，可闻其声？’”

这个故事讲的是某位高僧瞒着小和尚偷吃煮鸡蛋，却谎称吃的是腌茄子。小和尚知道真相，想找机会拆穿他。有一次鸡在拂晓时打鸣，小和尚就抓住这个机会说：“茄子的父亲在打鸣呢，您听到了吗？”揭穿了这位高僧的谎话。可见也有吃鸡蛋的僧侣。

食用鸡蛋的普及

室町时代，鸡蛋被归入食品类。《尺素往来》（室町中期）“巡役的早饭”中记载着，负责巡役（以一定间隔巡逻的任务）的人在当值日的早饭食材分为“四足”“二足”“鱼类”，其中的“二足”为“野鸡、鹌鹑、鴫、鸽、鸳鸯、野鸭、雁、天鹅、鹤、鹭、小鸟、鸡蛋等”。“鸡蛋”和当时人们喜欢吃的野禽类被归于一类。

《文明本节用集》（室町中期）将“鸡”归为“气形门类”（生物类），将“鸡蛋”归类为“饮食门类”，视鸡为生物（动物），视鸡蛋为食物。

人们对于鸡蛋的禁忌意识变得淡薄起来。

16世纪中期，欧洲人乘船来到日本，日本人的饮食生活发生了变化。葡萄牙传教士路易斯·弗洛伊斯于永禄六年来到日本，致力于传教活动三十四年，最终在长崎去世，他在“近期（1593

年前后）几个传教活动的成果”中说道：“日本人也很喜欢我们（欧洲人）的食物。尤其是他们一直非常厌恶的鸡蛋和牛肉料理。甚至连太阁（秀吉）都很喜欢。就像这样，葡萄牙人的各种物品在日本获得了极大好评，这着实令人惊讶。”虽然在弗洛伊斯看来，日本人很讨厌鸡蛋，但受到访日欧洲人的影响，食用鸡蛋在日本人中开始普及。人们也开始食用牛肉，不过如后文所述，因为秀吉和江户幕府严禁杀牛，所以食用牛肉这一现象只持续了很短的一段时间（第146页）。

人们从江户时代开始食用鸡肉，从时间上来看虽略微有些晚，但当时依然没有人用鸡肉和鸡蛋同时做料理，距离滑蛋鸡肉盖饭的诞生还有很长一段时间。

二　江户时代的鸡肉和鸡蛋料理

出现在料理书中的鸡肉和鸡蛋

江户时代后出现了鸡蛋的烹饪方法。宽永三年九月六日，后水尾天皇驾临京都二条城，共停留五日，前将军秀忠和三代将军家光父子恭敬接待。当时幕府的膳食菜单尚有留存，当中记载着“十日早饭”包括“嫩鸡蛋”。德川幕府招待天皇的料理之一就是鸡蛋料理，这里的鸡蛋写作“玉子”，这也是“玉子”这个写法比较早的例子。这里所说的“嫩鸡蛋”出现于宽永二十年出版的《料理物语》一书，书中写道：“打开鸡蛋，取三分之一蛋液，加入老抽、煎酒，使之沸腾，待其凝结即可。”（原文中此处亦写作“玉子”）

同时，我们也能看到用鸡肉烹制的料理。《料理物语》中介绍了四种鸡肉料理和七种鸡蛋料理，分别为“鸡汤、鸡肉锅、鸡肉刺身、鸡肉饭，嫩鸡蛋、烤鸡蛋、鸡蛋美浓煮、鸡蛋丸子、鸡蛋糕、鸡蛋挂面、鸡蛋酒，等等”（图41）。

即便到了江户时代，人们依然喜欢吃野禽肉，但滥捕行为导致野禽数量减少。八代将军吉宗于享保三年七月发布公告，宣布之后三年内禁止将鹤、天鹅、雁、野鸭作为赠礼及食物，江户的禽肉店最多仅限十家。

野禽数量的减少促进人们对鸡的需求增加，食用鸡肉逐渐普及，不过相较于鸡肉，鸡蛋料理更多。《料理物语》中也提及了许多鸡蛋料理，三十年后出版的《古今料理集》（宽文十年一延宝二年）中介绍了8种鸡肉料理，分别为鸡汤、烤鸡、勾芡鸡肉（勾芡过的煮菜）、咸煮鸡肉（咸味的煮菜）、鸡肉饭、煮鸡

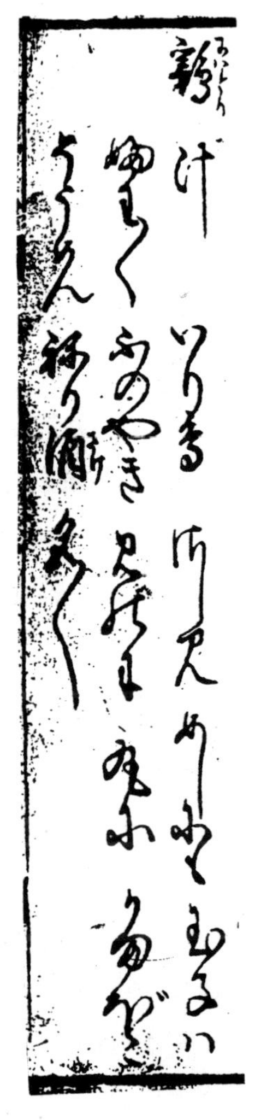

图41 鸡肉和鸡蛋的料理名称。《料理物语》（宽永二十年）

肉、烫鸡肉、浓浆鸡肉，而鸡蛋的烹饪方法则多达29种。

天明五年，《万宝料理秘密箱》（前编）和《万宝料理菜单集》两书出版，前者记载了别名“玉子百珍”的103种鸡蛋料理，后者更是记载了全都用鸡蛋做成的酒肴和汤品。

养鸡业尚未发达的江户时代

料理书显示江户时代鸡肉和鸡蛋的消费量非常大，但想想当时的生产量可知其实并非如此。克拉西参考法国访日传教士寄回去的书信，于1689年在巴黎撰写了《日本西教史》一书，书中提及日本的山林中有很多鹿、野猪、兔子，也有很多禽类，但就像其写的“无人以放牧鸟兽为生”一样，江户时代的养鸡业并不发达。

人见必大所著《本朝食鉴》（元禄十年）中列举了养鸡的三大好处，如卖鸡蛋，但当时还没有人以赚钱为目的养鸡，“在民间养鸡有三大好处。其一，风雨之日，山中农户不知昼夜，鸡鸣可报时。其二，庭院撒落的谷类、豆类虽然混合着沙土，但鸡依然尽数啄食。其三，如果养很多鸡，那鸡就能生很多蛋，有时能拿到集市上卖，获得意外的收入”。

宫崎安贞在《农业全书》（元禄十年）中也提到了养鸡能助养鸡者获得收益，但也讲述了其中困难。

“虽然鸡能令人获得不少利益，但如果家里没有足够大的地方，就难以饲养大量的鸡。大约两只公鸡、四五只母鸡刚刚好……如果养太多，很难仅靠人来日夜守护，而且因为要防备狐狸、猫，还得养只保护它们的狗。（如果农户家里养很多鸡，自然就会耗费很多谷物。一般人即便特地去做这件事也很难做到，因此很多事情都需要人的才智。）”

这段话的意思是建议最多养两只公鸡、四五只母鸡，如果养得太多，那么为了防止鸡被狐狸和猫袭击，就要饲养和训练看家狗，还要耗费很多谷物。普通人很难养很多鸡，并且还需要足够的才智。

此外，江户时代的鸡产蛋率很低。据佐藤信渊所著《经济要录》（安政六年）中记载：“一般来说，给二到六岁的小母鸡喂食优质饲料后，每年能产蛋一百四五十个，而当母鸡六岁以后，随着年纪变大，产蛋数就会变少。”如今的白色来航鸡年产蛋量为二百八十个，与此相比，幕府末期即便采用优质方法饲养的母鸡产蛋量也不过一半而已。

不能自由买卖的鸡蛋

鸡蛋产量少，且只有“二十七家御用鸡蛋批发店”被允许进行买卖。御用鸡蛋批发店拥有特权，可直接从饲养者处采购鸡蛋，而作为抵押，其有义务向幕府上缴鸡蛋。但是，也有很多人不通过御用鸡蛋批发店购买鸡蛋，而是直接从饲养者那里采购，所以町奉行所于天明八年五月二十九日向年番名主（每个地域编成的町组的代表名主，一年轮换一次）公告如下：

“仅上缴御用鸡蛋的二十七人可直接认购鸡蛋在批发店出售，其他人必须从这二十七人的批发店中购买再行销售。然而，普通人偷偷采购鸡蛋，或从自大山里捡鸡蛋的人那里竞价购入，然后直接拿去乡村销售，因此近年鸡蛋的价格水涨船高。今后务必按此前规定执行，严禁此类行为。在城镇中销售鸡蛋的人必须从那二十七名鸡蛋批发商处购买。”

这样的公告之后也出过很多次，可知这一制度始终未能得到贯彻，且江户的鸡蛋流通由町奉行所掌控。

该制度只持续了很短的一段时间，后于文政二年七月废除。废除原因并不明确，但之后人们可以自由买卖鸡蛋，鸡蛋批发店也越来越多。据记载，天保九年，江户市内有57名“鸡蛋商人”，但鸡蛋的流通量依然很少。天保十三年三月八日，水野忠邦实行天保改革，58种日用品降价，不过其中并不包括鸡蛋。可见鸡蛋不属于“日用品”，鸡蛋的价格也不会对民众的生活产生很大影响。

高价鸡蛋

从前，鸡蛋的价格很高，它并不属于日常食物。下级幕臣小野直方的日记《官府御沙汰略记》（延享二年—安永二年）细致地记录了他每天的生活，其中包括购入鸡蛋的价格：

- 延享五年三月六日“购鸡蛋四个，四十文”（一个十文）；
- 宽延二年八月二十三日“购鸡蛋三个，四十五文；砂糖，十五文；黑砂糖，三十文”（一个十五文）；

• 宽延三年三月十一日“购鸡蛋六个，四十八文”（一个八文）；

• 宽延四年三月十日“购鸡蛋六个，六十文”（一个十文）；

• 宝历二年三月八日“购鸡蛋五个，四十文”（一个八文）。

江户中期延享五年至宝历二年，鸡蛋的单价为八文到十五文。当时的一文相当于现在的多少钱呢？这真是个很难的问题，不过，江户中期到后期，一石（约150千克）米售价约一两，这样简单换算过来，一两就约等于75000日元。一两售价4000文钱为官方市价，所以一文相当于13日元，也就是一个鸡蛋售价104日元到195日元。

《近世匠人尽绘词》（文化二年）中画有小贩在城里沿街叫卖高价煮鸡蛋的画面，“卖鸡蛋！要吃煮鸡蛋吗？热乎乎的煮鸡蛋！”（图42）卖鸡蛋的叫卖声有一个特点，就是会喊两遍：“鸡蛋！鸡蛋！”有一句诗叫“叫卖鸡蛋，非一声，亦非三声”。《守贞谩稿》卷之六中也记载了关于卖鸡蛋的内容，“出售煮鸡蛋，即水煮鸡蛋。售价大约二十文。小贩叫卖‘鸡蛋！鸡蛋！’一定是说两遍，不是一声也不是三声”。煮鸡蛋一个售价二十文（约260日元）。

《守贞谩稿》卷之五中记载了荞麦面店的菜单，小笼屉荞麦面一碗十六文，滑蛋荞麦面三十二文。滑蛋荞麦面的价格是小笼屉荞麦面的两倍，加上了一个鸡蛋的价格（图43）。

该书后集卷之一中还记载了寿司的价格，日本银鱼、斑节虾、金枪鱼刺身、小斑鰶、康吉鳗鱼等寿司一个售价八文，而鸡蛋卷寿司一个售价十六文，鸡蛋卷的价格为金枪鱼的两倍（图44），和如今大不相同。

到了幕府末期，鸡蛋的价格依然很高，此时的社会环境并不适合滑蛋鸡肉盖饭的诞生。不过，鸡肉和鸡蛋的等级差异也形成了一种枷锁。

图42　叫卖煮鸡蛋。《近世匠人尽绘词》（文化二年）

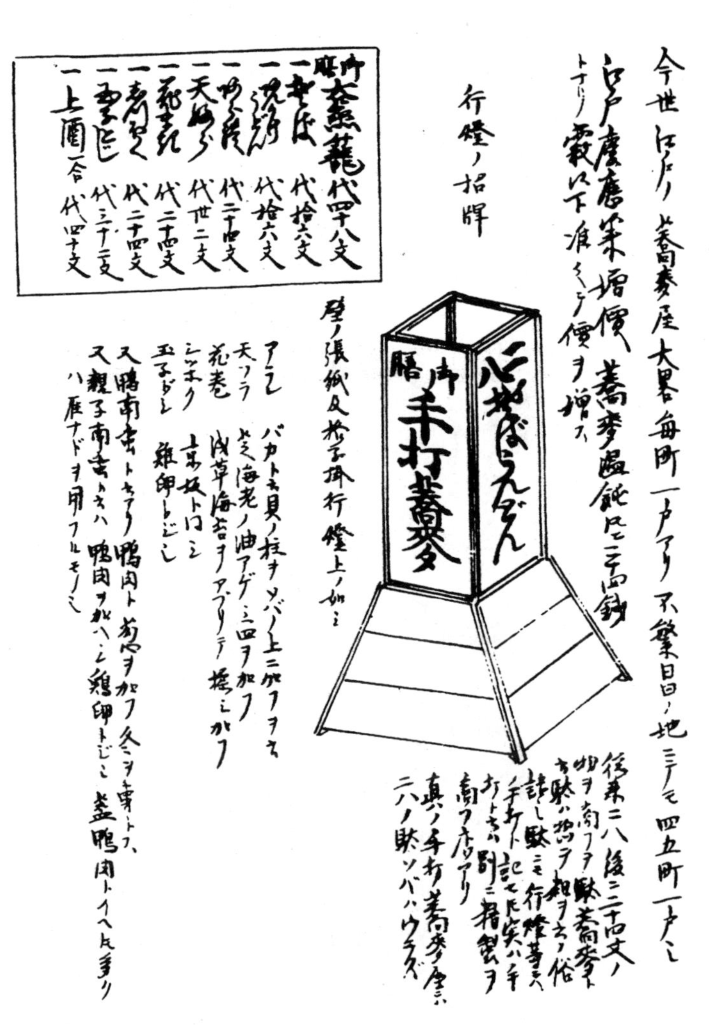

图43　荞麦面店的菜单。“御膳蒸笼 四十八文，荞麦面 十六文，浇汁乌冬 十六文，炒年糕丁 二十四文，天妇罗 三十二文，花卷荞麦面 二十四文，滑蛋 三十二文”。《守贞谩稿》（嘉永六年）

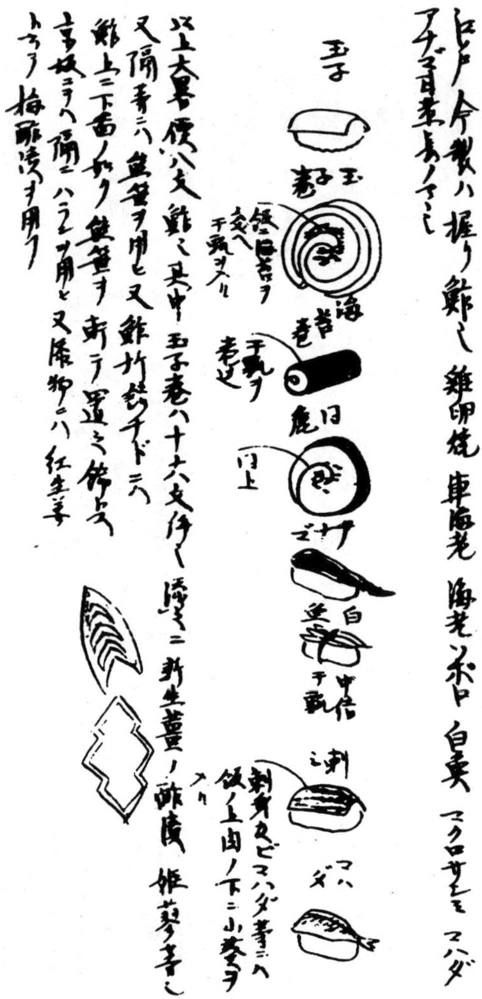

图44　寿司的种类和价格。寿司插画后面写着“以上寿司售价约八文。其中鸡蛋卷十六文”。《守贞谩稿》（嘉永六年）

三　存在等级差异的食材

室町时代的食材等级

室町时代是公家和武家的社会，流行给食材划分等级。公家社会的料理流派“四条流”的秘传《四条流庖丁书》（延德元年）中记载，“美物亦分三六九等，应依序而列。鱼类以鲤鱼为先，其后为鯛……水鸟类中以天鹅、鸿雁、大雁等为先。鹰鸟本不在其列”，意思是鱼鸟类（美物）应从上等品开始，鱼中鲤鱼、鸟中天鹅为最上等，鹰鸟（老鹰捕获的鸟）则被视为破格。

武家的伊豆守利网曾写下《家中竹马记》（永正八年），其中写了美物在目录中的顺序，鱼为上等，接下来是禽类。鱼类中，鲤鱼为第一，接下来为鲈鱼，淡水鱼比海水鱼的排名更靠前。虽然鱼类的等级比禽类高，但鹰鸟比较特别，它比鲤鱼更靠前，位列最上等。

“之后为樽·美物等的目录。鱼类靠前，禽类靠后。鱼类中鲤鱼位于首位，鲈鱼次之。淡水鱼靠前，海水鱼靠后。因为人们欣赏老鹰，所以鹰鸟、鹰雁、鹰鹤等的排名比鲤鱼更靠前。”

虽然了解清楚食材的等级后再烹饪料理很难，但在当时那个时代，人们确实很注重等级。

等级不同的鸡肉和鸡蛋

江户时代，给食材定等级的做法依然存在，而且，鸡和鸡蛋也被列入了定级对象，料理书中如此描述。

《古今料理集》（宽文十年—延宝二年）中关于鱼鸟类的定级如下：“可品尝”“或可品尝”“不宜品尝”，禽类中，天鹅、雁、鹤、鹬、斑鸻、鹌鹑、灰头麦鸡、鸭子、鹭、野鸡、鸭等野禽类被定为“可品尝”（值得品尝）；与之相对，“鸡”的等级很低，为“不宜品尝”类（不值得品尝），但鸡蛋的等级很高，“鸡蛋可品尝”，和野禽类为同一级。

《黑白精味集》下卷（延享三年）中将鱼鸟类分为上等、中等和下等，其中斑雁、绿头鸭、野鸡、苍鹭、秧鸡、鹬、鹌鹑、云雀、斑鸫、杂交鸭等野禽类为“上等”；与之相对，鸡位列下等，“下等。专冬。夏季土用之日食鸡肉”，鸡蛋则位列上等，“鸡蛋。上等。四季皆可食”。而且，鸡肉还限定了食用期限，鸡蛋则四季都可以吃到。

“鸡和鸡蛋的等级不同”，这一点还体现在江户幕府颁布的服忌令中。元禄元年十二月，幕府针对参拜“上野、红叶山、增上寺”的供奉物，规定如下：

“一 日本鬣羚、狼、兔子、貉子狸、野鸡　五日前起禁食

一 牛马　百五十日起禁食

一 野猪、狗、羊、鹿、猴、猪　七十日起禁食

一 两足 前一天早晨六点起禁食　鸡蛋和鱼类也如此

一 五辛 前一天早晨六点起禁食

以上。”

由此可见，鸡和日本鬣羚等四脚动物为一类，从参拜的五天前开始禁食，而鸡蛋却和鱼类一样，食用也无妨。可见幕府时人们对鸡肉也存在差别意识。

自天武四年日本颁布肉食禁止令以来，日本人一直避免食用家畜和家禽，对鸡蛋却没有那么禁忌。他们开始食用鸡蛋比食鸡肉更早，这一点或许也是造成以上这种等级差别的原因之一。

江户时代的鸡肉和鸡蛋料理

因此，很少有同时采用等级不同的鸡肉和鸡蛋烹制而成的料理。前文中别名“玉子百珍”的书籍《万宝料理秘密箱》记载了103种鸡蛋料理，但同时使用鸡肉和鸡蛋的料理仅有“冬葱蒸蛋”一种，做法是“将葱白或香葱切细，放入温热的酒中浸片刻，然后装入中号盘子或茶碗中，打入一个鸡蛋，加鸡肉更佳。放少许酱油”。虽然是将鸡肉和鸡蛋一起蒸，但放鸡肉也不是必需的步骤。

十返舍一九所著《玩笑难言》后编（文化三年）中描绘了一对和睦的夫妇，他们面前摆着锅，配有“两人睡前酒，滑蛋鸭肉小火锅”的字样，可见两人正在吃滑蛋鸭肉（图45）。当时虽然出现了滑蛋禽肉，但用的并不是鸡肉。

之前介绍过的《守贞谩稿》中，荞麦面店的菜单里有一道“亲子南蛮”，说明如下，“所谓亲子南蛮，即加了鸭肉的鸡蛋料

图45　夫妇面前摆着滑蛋鸭肉锅。《玩笑难言》后编（文化三年）

理。虽然说是鸭肉，但大多是用大雁等制成”（图43，第113页）。虽然这道料理叫亲子南蛮，但使用的食材并不是真正的亲子（鸡肉和鸡蛋）。如《黑白精味集》中所写，鸭、雁和鸡蛋都被分为“上等”，鸡是“下等”。滑蛋禽肉和亲子南蛮中都没有用鸡肉，这是因为江户时代人们喜欢吃鸭肉，鸡肉还未成为流行食材，也可以认为这与鸡肉和鸡蛋存在等级差异有关。在士农工商这种等级化社会，差别意识甚至会波及食材。

江户时代末期，因为产量、价格及等级差异等，有鸡肉和鸡蛋的滑蛋鸡肉盖饭依然没有诞生。而且，江户时代虽然已经出现了天妇罗荞麦面和亲子南蛮，但都是在荞麦面上放天妇罗和滑蛋鸭肉，人们尚未产生把这些食物放到米饭上的想法。

四　养鸡业的发达

养鸡业的兴起

江户时代只有很少一部分人养鸡，进入幕府末期后，这一情况发生了巨大的变化。据《风俗画报》第二十六号（明治二十四年三月十号）记载，“自美国的船只驶入横滨以来，外国人常常食用牛肉，这一习惯立刻传入了本土，《续武江年表》中可见，大约庆应二年有人开始贩卖牛肉。当时食用鸡肉的人逐渐增加，甚至达到了今日般的盛况。至此，养鸡业大势崛起，在家专职从事畜产业的人越来越多，还有人购买外国的种鸡，为各自饲养的鸡举办比赛，有人收入甚至达到数百日元”。幕府末期，日本的开国政策加速了食用牛肉的普及进程，增加了鸡肉的消费量，养鸡业日趋兴起。

日本开始进口外来品种的鸡，《实用养鸡百科全书》（大正十四年）中写道：“安政年间，西洋鸡首次进口到日本，种类为荷兰鸡，当时称之为‘兰鸡’，因为是荷兰的贸易船带来的。1877年前后，黑色的梅诺卡鸡和腹部白色背面黑色的西班牙鸡也传入日本，当时称前者为‘耳白’，后者为‘颜白’。到了明治十八年前后，日本渐渐掀起了养鸡业热潮，纷纷进口了布拉马鸡、交趾鸡、汉堡鸡、来航鸡等多种种类，后来到了明治二十一年，日本成立了家禽协会，鸡种也几乎都来自国外。”由此可见，日本从欧美各国进口了很多鸡种。

养鸡户数和鸡蛋产量的增加

养鸡户也有所增多。《农林省历年统计表》(昭和七年)显示,"养鸡调查始于明治三十九年,当时记载养鸡户为2730181户,其中饲养少于10只鸡的户数为2469320户(90.4%),饲养10到50只鸡的户数为253563户(9.3%),饲养50只以上的为7298户(0.3%),1908年已增加30余万户,总数达到300多万只",可见小规模经营仍旧占据压倒性地位。即便如此,饲养10只以上鸡的户数占比也只接近一成。

随着养鸡户数的增加,鸡蛋产量也有所增加,"产蛋数随着成鸡的数量逐年显著递增,三十九年达到59300万个,最近达到252800万个,增长率超过四倍"(《农林省历年统计表》,昭和七年),即明治三十九年达到五亿九千三百万个,按当时的人口划分,一年一人消费12个或13个鸡蛋。除此之外,日本还从清国(当时中国)进口鸡蛋,据明治十九年二月十二日的《邮政通知报》报道,"从中国进口日本的鸡蛋超二十万个",进口量年年增加,大正元年达到67854000个,相当于日本国内生产量的8.3%。

鸡肉和鸡蛋的等级差异消除

江户时代,士农工商这种等级制社会的差别意识甚至波及食材。等级不同的鸡肉和鸡蛋几乎没有在同一道料理中相见的机会,但明治维新以后,情况有所改变。

江户时代,武士拥有"苗字带刀"的特权,即有姓、可佩刀,平民无特殊情况则无此权利。明治三年九月，所有阶级都可以有姓。明治九年三月颁布废刀令，禁止士族（赋予武士阶级的身份称谓）带刀。

人们开始倡导四民平等（同权），曾经身为武士的人也有从商的需求，其中亦有人从事养鸡业。据《日本养鸡史》（昭和十九年）中记载，有很多武士从事了养鸡业："明治维新以后……政府并不像引导其他产业那般引导人们养鸡，但为了帮助武士阶级那些游手好闲的人，政府提供了借贷创业资金的机会。于是，那时开始从事养鸡业的人也不在少数。"

经过明治时代，养鸡业在时代的更迭中变得发达，鸡肉和鸡蛋的产量显著增加。人们差别对待食材的意识变得淡薄，鸡肉和鸡蛋的等级差别也被消除，滑蛋鸡肉盖饭诞生的大环境已准备就绪。

五　滑蛋鸡肉盖饭的诞生

滑蛋鸡肉盖饭的出现

关于滑蛋鸡肉盖饭的诞生，山本嘉次郎在《西餐考》中曾说："我父亲是滑蛋鸡肉盖饭的发明者。小时候，当我们一家人围着餐桌正说着什么时，父亲说：'滑蛋鸡肉盖饭是我想出来的。'……有一段时间，父亲和股民、贸易商等同伴一起创办了料理研究会，到处搜罗美食。那个研究会研究了当人们很忙的时候，有什么美味又滋补的食物能站着吃，最后想出来的就是滑蛋鸡肉盖饭。但究竟是父亲一个人想出来的，还是大家一起琢磨出来的，抑或是厨师钻研出来的，我并未听父亲明确说过。营养满满的盖饭怎么看都充满明治风味。时间嘛，推测是明治二十五年前后。”

另有一家禽肉店自称“滑蛋鸡肉盖饭始祖”，据说是明治二十四年前后开发出了滑蛋鸡肉盖饭。

这些均无史料留存，因此我们并不知道事实究竟如何。不过这一时期实际上已出现了出售滑蛋鸡肉盖饭的店铺。明治十七年九月六日的《大阪朝日新闻》登载了神户元町一家叫“江户幸”的鳗鱼店广告，上面写着“亲子上丼 三十钱”“亲子并丼 十三钱五厘”“亲子中丼 十五钱”（“闻藏 II Visual”，图46）。

这是滑蛋鸡肉盖饭的首次亮相，且其作为东京较早的例子，尚有记述留存。

明治至昭和跨越了半个世纪。新闻记者莺亭金升出生于庆应四年，这是他明治二十四年前后住在下谷不忍池畔时的故事：

定
來ル九月一日ヨリ
一鰻蒲燒 御壹人前 金貳拾錢
一う上丼 同 仝
一親子上丼 同 仝
一並丼 同 金拾貳錢五厘
一親子並丼 同 仝
一ぬき 同 仝
一卷燒 同 仝
一う中丼 同 金拾五錢
一親子中丼 同 仝
一ひるかしれ 同 金拾錢宛
一酒 壹本代 金六錢
一御膳 金貳錢五厘
右之通り下直仕候間何卒諸君不相替賑々敷
御高車之程偏奉希上候也
九月一日
神戶元町壹丁目
江戶幸

图46　出现滑蛋鸡肉盖饭这个名字的最早史料。《大阪朝日新闻》（明治十七年九月六日）

“我家厨房对面住着一个车夫。他老婆和我妻子交往密切，他们给我们打水或者洗衣服，我妻子时不时地会给他们一些零花钱，所以他老婆非常高兴，有时候还会把他们的女儿送过来帮我们做事，就像来我们家做工的女佣……五月常常下雨，有一天傍晚，他老婆萎靡不振地来到我们家，毫无顾忌地向我妻子借钱：‘太太，非常抱歉，我家男人还没回来，孩子饿了，能先借我二十钱吗？’我妻子给了她五十钱，她十分高兴，弯腰道谢：‘谢谢。有了这些钱我们就不用吃今川烧，可以吃荞麦面了。’说完笑着走了。第二天来还钱，妻子说：‘那么洗衣和染布就拜托你了。’可他老婆却什么也没拿就回了家，我们谈论着‘看来今天生意不错呢’，悄悄看过去，看到他们夫妻二人和两个孩子正围着四碗盖饭，一片和睦笑嘻嘻地吃着饭。我以为是天妇罗盖饭或者滑蛋鸡肉盖饭，但其实是上等的鳗鱼盖饭。

那天晚上，他们家女儿来了，我们问她：‘你家今天的午饭非常丰盛吧？’她回忆道：‘是的，父亲拉了一个从车坂到吉原去的客人，然后又拉了客人到浅草，活儿接连不断，很晚才回来，赚了很多钱。母亲非常高兴。’”（《明治风貌》，昭和二十八年）这是金升二十四岁左右的故事。

根据金升的自传《成长日记》可知，金升于明治二十二年二月十一日结婚，在根岸（台东区）建了新房，当年九月八日搬至下谷池之端茅町，一直住到次年十月二十六日（《莺亭金升日记》，昭和三十六年）。因为是那个时候的事情，所以并不是“明治二十四年前后”，而是大约明治二十二年的事情。

《明治风貌》是其晚年的回忆录，因此他的记忆有可能出现偏差，但新婚不久的回忆仍旧鲜明，他同时列举了滑蛋鸡肉盖饭和那时已经诞生的鳗鱼盖饭、天妇罗盖饭的名字。

时代略往后推，大正十一年，三越食堂的鳗鱼饭一碗售价一日元，滑蛋鸡肉饭一碗售价五十钱，而市中心的一碗普通天妇罗盖饭售价也才四十钱，可见滑蛋鸡肉盖饭和天妇罗盖饭是鳗鱼盖饭价钱的一半。车夫的家庭很贫穷，前一天连二十钱都没有，需要借钱吃饭。金升猜测他们一家无论生意多好，充其量也就吃天妇罗盖饭，但他们吃的却是“上等的鳗鱼盖饭”，这令金升非常惊讶。

明治二十二年前后，滑蛋鸡肉盖饭成了人们非常熟悉的食物，甚至提供外卖服务。尾崎富五郎编写的《商业组合评》（明治十二年）中收录了“鹞舍”（暹罗鸡店）的排行榜（图47），对五十九家暹罗鸡店进行了排名。金升居住的池之端茅町附近共有五家在榜，一家在下谷三桥，四家在汤岛。如后述，禽肉料理店很早就开始出售滑蛋鸡肉盖饭，因此我们可以认为禽肉店也提供滑蛋鸡肉盖饭的外卖服务。

料理书中的滑蛋鸡肉盖饭做法

后来，在料理书中也可以看到滑蛋鸡肉盖饭的名字。一本名为《简易料理》（明治二十八年）的料理书中记载着“鸡肉饭与滑

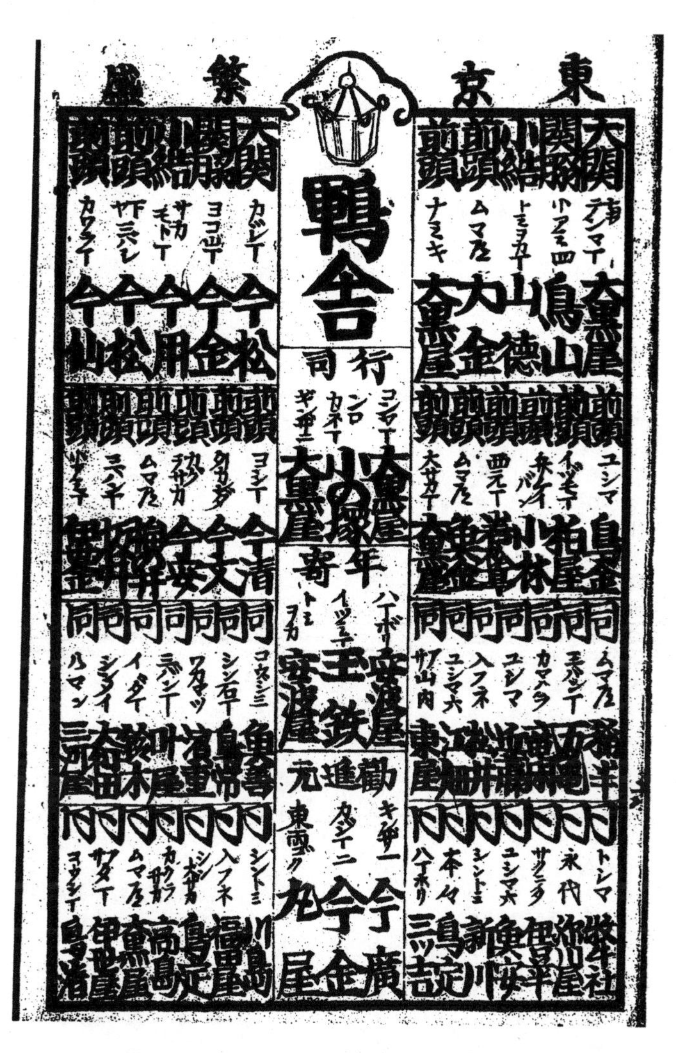

图47　暹罗鸡店的排名。可以看到东边（右侧）“汤岛”（ユシマ）有四家（均名列前茅），西边（左侧）“下谷三桥”（下ヤ三ハシ）有一家（前头首位）。《商业组合评》（明治十二年）

蛋鸡肉盖饭”的做法：

“鸡肉饭的做法是将鸡肉正常切开，放入热水中煮一次后即刻捞出炸制，然后用煮过鸡肉的水煮米饭，再加上葱和胡萝卜等食用。滑蛋鸡肉盖饭则像前文一样处理鸡肉，然后在热饭上蒸鸡蛋，混合肉和鸡蛋，因而得此名（图48）。”这个制作方法比较粗略，

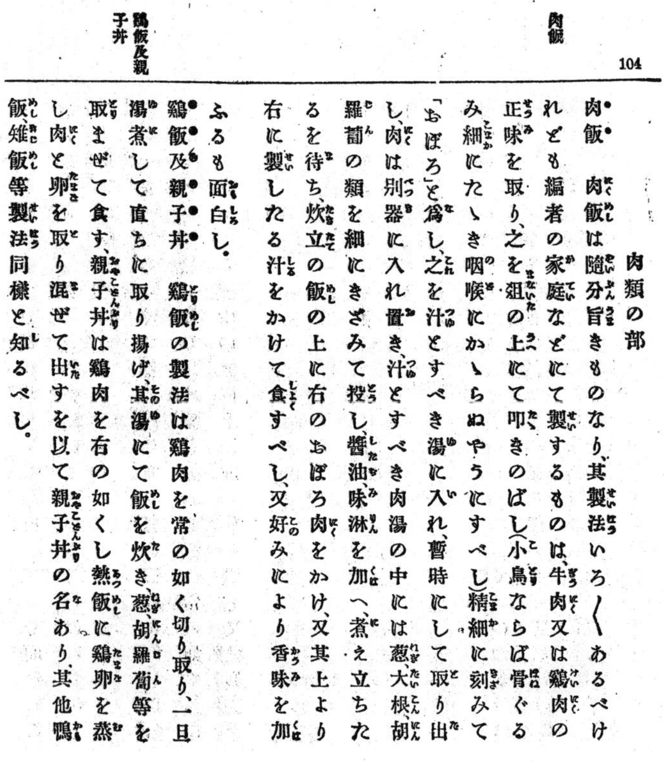

104　肉飯　鶏飯及親子丼

肉類の部

肉飯　肉飯は隨分旨きものなり、其製法いろ〱あるべけれども編者の家庭などにて製するものは、牛肉又は鶏肉の正味を取り、之を俎の上にて叩きのばし（小鳥ならば骨ぐるみ細にたゝき咽喉にかゝらぬやうにすべし）精細に刻みて「おぼろ」と為し、之を汁とすべき湯に入れ、暫時にして取り出し、肉は別器に入れ置き、汁とすべき肉湯の中には葱、大根、胡羅蔔の類を細にきざみて投し、醤油、味淋を加へ、煮え立ちたるを待ち、炊立の飯の上に右のおぼろ肉をかけ、又其上より右に製したる汁をかけて食すべし、又好みにより香味を加ふるも面白し。

鶏飯及親子丼　鶏飯の製法は鶏肉を常の如く切り取り、一旦湯煮して直ちに取り揚げ、其湯にて飯を炊き、葱、胡羅蔔等を取まぜて食す、親子丼は鶏肉を右の如くし熱飯に鶏卵を蒸し肉と卵を取り混ぜて出すを以て親子丼の名あり、其他鴨飯、雉飯等製法同様と知るべし。

图48　刊登着“肉饭”和“鸡肉饭与滑蛋鸡肉盖饭”制作方法的料理书。《简易料理》（明治二十八年）

有些地方并不是很好理解，但做法似乎是这样的：将鸡肉切成小块后热水煮熟，然后把刚出锅的米饭盛到海碗中，用米饭蒸蛋，再放上鸡肉和鸡蛋。如何调味并不明确，以该书前文中“肉饭”的制作方法类推，应该是将酱油和甜料酒煮开后制成酱汁，浇至上方后食用。

这种制作方法虽然和现在的滑蛋鸡肉盖饭有所不同，但是比较早的一个例子，长久以来未能相遇的鸡肉和鸡蛋终于见面，它们之间的壁垒因明治维新这个崭新时代的浪潮而被打碎。

如今我们吃的这种滑蛋鸡肉盖饭出现在不久后。如后述，正冈子规在明治三十四年吃了和现在制作方法相同的滑蛋鸡肉盖饭，明治三十八年刊的《节用辞典》中释义：“滑蛋鸡肉盖饭（名）料理名称。在海碗中装入温热的米饭，鸡肉上放鸡蛋煮制，然后铺到米饭上。”大正二年刊的《饭百珍料理》则对“滑蛋鸡肉盖饭的料理方法”做此描述：“用煮沸的甜料酒和酱油煮鸡肉，放上水芹菜，再放入鸡蛋，接着将刚煮好的米饭盛入海碗，把鸡肉和鸡蛋置于米饭之上，最后撒上加热过的浅草海苔粉。”

滑蛋鸡肉盖饭外卖

到了明治三十年，滑蛋鸡肉盖饭外卖普及。《天下的记者》（明治三十九年）一书记录了一名叫山田一郎的新闻记者的生活，有一个小趣闻讲的是他住在东京站附近的“锻冶桥外的中央旅馆”

时发生的故事："我住在旅馆只支付普通的住宿费用，不吃旅馆的套餐，每晚我都会叫外卖，点两三碗鳗鱼盖饭或者滑蛋鸡肉盖饭然后吃光光。"这则故事大约发生在明治三十年七月前后，可见附近已经有店铺提供滑蛋鸡肉盖饭的外卖服务。

还有一名家庭主妇在日记（明治三十一年六月—明治三十二年七月）中记录了日常生活，当姑母一家到访时，他们点了滑蛋鸡肉盖饭外卖当午饭："中午，所有人都点了亲子盖饭。"滑蛋鸡肉盖饭这时已经被简称为"亲子盖饭"。

诗人正冈子规罹患脊椎坏死，他去世前一直在写《仰卧漫录》，明治三十四年十月一日，他写道："晚上吃了滑蛋鸡肉盖饭（米饭上放鸡肉、鸡蛋和海苔）、烤茄子、奈良风味腌菜，还有一个梨和一个苹果，九点睡觉。"可见子规当天晚饭吃的应该是滑蛋鸡肉盖饭的外卖，鸡蛋包裹鸡肉，然后撒上海苔。

子规于明治三十四年开始撰写《仰卧漫录》，当时"他的肺部左右都有大半空洞，医生认为他还活着就是一个奇迹"。即便病得如此严重，子规也依然品尝了滑蛋鸡肉盖饭，还留下了珍贵的记录。第二年九月十九日，子规结束了三十五岁的短暂生命。

滑蛋鸡肉盖饭进驻车站便当

滑蛋鸡肉盖饭后来还成了车站便当。明治三十二年十月二十八日到三十一日，飨庭篁村和右田寅彦结伴前往日光观光，共四天三晚。途中，他们在小山站发现有人出售滑蛋鸡肉盖饭。

当时在车站售卖滑蛋鸡肉盖饭这件事非常新奇，使用的容器也极其风雅，但两人因为害怕就没买——“在发生过箒川惨剧的日铁线路上，亲子盖饭是禁忌啊。”后来他们回程时途经小山站，又看到了滑蛋鸡肉盖饭：“这种盖饭在火车出发和到达时售卖，我担心冷掉的鸡蛋味道很难闻，会吃不下去。从车窗看向外面的站台会看到有做盖饭的小厨房，那里在生火热锅。唉，先不说这些，如果去买一份，火车马上就要开了，那可怎么办呀！”所以最后他们也只是空空地闻了闻饭香就离开了。

明治三十二年，小山站的站台上设有一个小厨房，生火热锅，烹制并出售滑蛋鸡肉盖饭。

所谓“箒川惨剧”，指的是明治三十二年十月七日发生的一场事故，当时日本铁路线（东北总线）的一趟列车因暴风雨在栃木县那须郡箒川铁桥上翻车，箒川因暴雨而涨水，列车跌入河流中，十九人死亡。箒川铁桥位于小山站的北面。篁村和寅彦乘坐日本铁路线前往日光旅行就发生在事故后不久，他们觉得害怕所以就没去买滑蛋鸡肉盖饭。滑蛋鸡肉盖饭在日语中写作“亲子丼”，或许人们心生忌惮的原因是“亲子丼”的发音和“亲子坠落”一样吧。

滑蛋鸡肉盖饭既能送外卖，又出现了车站便当，知名度逐渐增加。《月刊食道乐》（明治三十八年十一月号）中写道：“天妇罗盖饭、鳗鱼盖饭、滑蛋鸡肉盖饭成为家喻户晓的食物。”可见滑蛋鸡肉盖饭和它的“前辈”鳗鱼盖饭、天妇罗盖饭齐名。

那么，哪些店铺出售滑蛋鸡肉盖饭呢？

六　滑蛋鸡肉盖饭的普及

禽肉料理店中的滑蛋鸡肉盖饭

明治八年出版的《东京牛肉暹罗鸡流行店》一书中可以看到五十六家暹罗鸡锅店的名字（图49），可见暹罗鸡锅店十分繁荣，尤其是“大关 银座二丁目 大黑屋”和“劝进元 京桥大根河岸 大黑屋”，同年八月十四的《邮政通知报》以《暹罗鸡店大繁昌》为标题报道：“银座二丁目的炼化石室（砖造建筑）新开了大黑屋的分店。大黑屋在京桥大根河岸非常有名，生意兴隆，据说每天要消耗一百多只暹罗鸡和家鸭。客人盘腿而坐，人挤人，连立锥之地都没有，昼夜都很拥挤。”可见大黑屋的总店位于京桥附近的大根河岸，又在银座开了分店，大获成功。

就像“大黑屋”除了出售暹罗鸡外还出售杂交鸭一样，暹罗鸡店也出售除暹罗鸡之外的禽肉，因此也被称为禽肉店、禽肉料理店等。《东京流行细见记》“肉食店汇总”（明治十八年）中，“鸟安”后面排列了三十家禽肉料理店，店名下方写着“秃鸭、家鸭、暹罗鸡、日本鸡、鸡蛋、葱、酱汁”（图50）。这些店铺都出售禽肉锅料理，就是将杂交鸭、暹罗鸡、日本鸡等加葱和酱汁煮制而成的锅料理，此外因为也放鸡蛋，所以应该也能吃到滑蛋禽肉锅。

其实把禽肉锅里的滑蛋放到盖饭上就可以做成滑蛋鸡肉盖饭。那么，禽肉料理店是不是很早就出现滑蛋鸡肉盖饭了呢？据《明治风貌》中记载，或许禽肉料理店很早就开始出售滑蛋鸡肉盖饭外卖

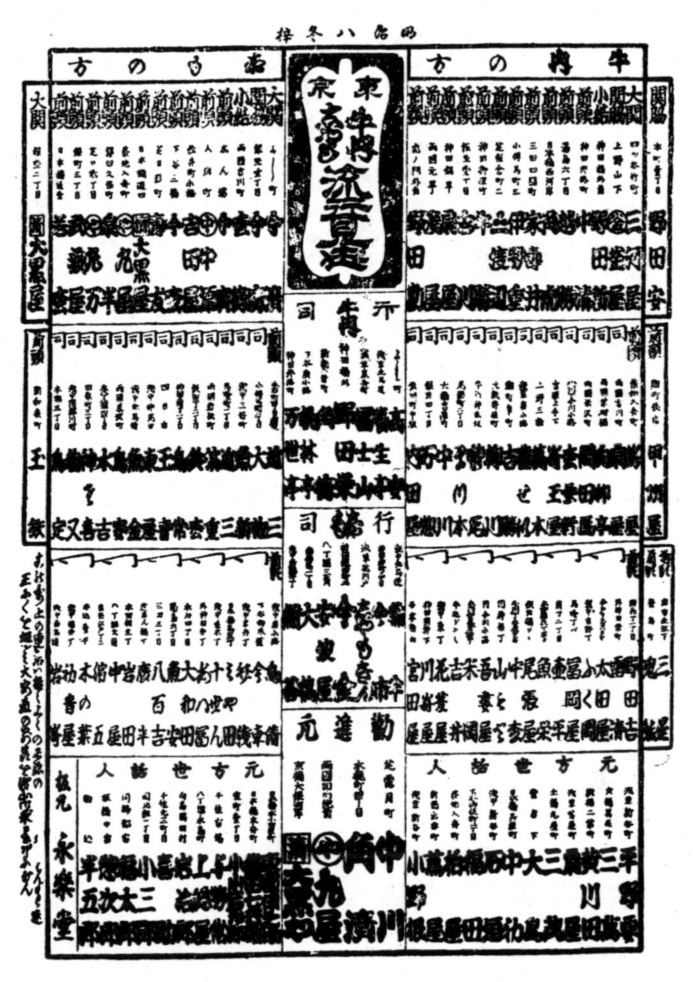

图49　牛肉锅店和暹罗鸡锅店的排名。可见“暹罗鸡”的大关为“大黑屋”（上段偏左），中间的劝进元为“大黑屋”。《东京牛肉暹罗鸡流行店》（明治八年）

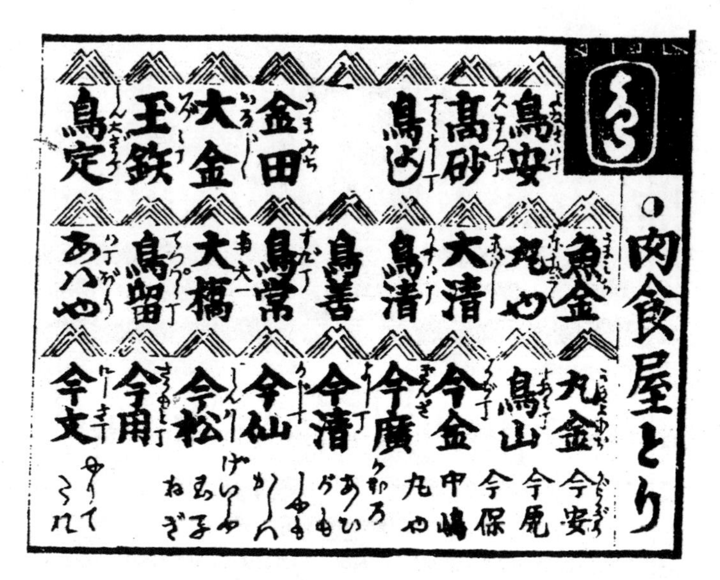

图50 禽肉料理店的排名。店名下方可以看到“家鸭、暹罗鸡、日本鸡、鸡蛋、葱”等。《东京流行细见记》(明治十八年)

了，书里的“东两 丸屋”把滑蛋鸡肉盖饭打造成了招牌产品。

“丸屋”是两国回向寺前的一家暹罗鸡锅店，初代店主脾气暴躁，总是留着光头，外号“光头暹罗鸡”。长谷川时雨所著《旧闻日本桥》(昭和十年)收录了幕府末期至明治维新期间的江户样貌图，由其父亲长谷川深造绘制，书中描述光头暹罗鸡“生意非常好，相扑比赛时门庭若市”(图51)。当时，两国的回向院境内正在举行大型相扑比赛。

光头暹罗鸡把目光对准了那些相扑爱好者，他在相扑比赛时做起了滑蛋鸡肉盖饭的外卖生意。杂志《太平洋》(明治三十九

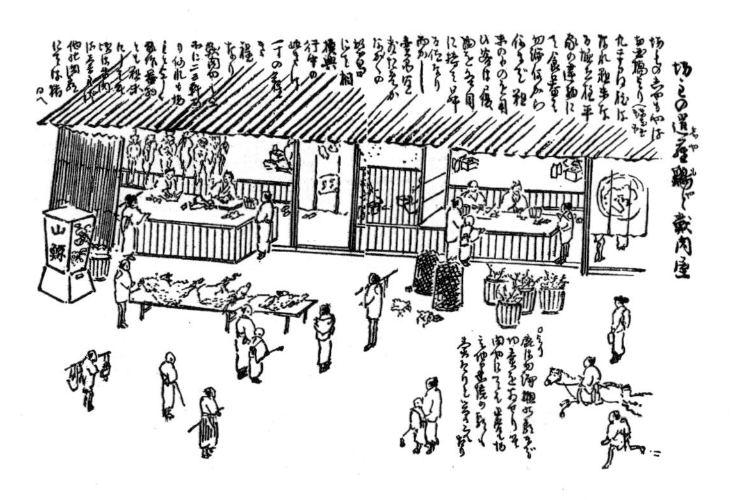

图51 “光头暹罗鸡和兽肉店”。右侧是光头暹罗鸡店，店前摆放着鸟笼。左侧是兽肉店，挂着兽肉，竖着“山鲸”的招牌。《旧闻日本桥》（图出自昭和五十八年的岩波文库版）

年二月一日号）以“东京首屈一指的军鸡店（回向院前的光头军鸡）”为题介绍了光头暹罗鸡，称这家店“无论什么日子，只要一有相扑比赛，滑蛋鸡肉盖饭的销量就不会低于五百”，具体如下：

“场内出售樱煮鸡肉和滑蛋鸡肉盖饭，因为人们当午饭吃，所以从十一点到正午烹制，那时的厨房非常吓人，大半的灶台煎着成堆的鸡蛋，旁边有人往海碗里盛饭。锅那边呢，大锅里煮着鸡肉，一片混乱，不过因为每年都如此，所以也习惯了，仅仅一个多小时就能做出五百碗盖饭，还能做樱煮鸡肉。这个工作很快速，平时按规定是一份一个鸡蛋，但相扑比赛时会事先煎好放着，然后用金长柄勺直接舀出来，舀多少个鸡蛋全凭运气。滑蛋鸡肉盖饭在相扑场是首屈一指的招牌，就连贵族也人手一份，常常能看到德川侯爵等人在正面看台捧着滑蛋鸡肉盖饭吃。”

大型相扑比赛时，滑蛋鸡肉盖饭能卖出五百份，所以后厨非常忙碌。为了顺利完成工作，料理顺序都梳理过，鸡蛋事先煎好，鸡肉放在大锅中煮，米饭盛入海碗中，然后将鸡蛋和鸡肉放到米饭上，做成滑蛋鸡肉盖饭。

滑蛋鸡肉盖饭成了相扑场的知名食物，连德川侯爵那样身份高贵的人也会吃。平日里，这家店也提供滑蛋鸡肉盖饭。

《东京牛肉暹罗鸡流行店》中，光头暹罗鸡以“劝进元 两国回向院前 丸屋”的名称出现（图49，第131页），如今依然在原地址营业（现在的店名为“光头暹罗鸡”）。从“每年都如此，所以也习惯了”可见，很久以前，就有人将滑蛋鸡肉盖饭作为商品出售，但遗憾的是，两次灾害（关东大地震和第二次世界大战）烧毁了史料，我们无法确认这一事实。不过该店的一张收据得以留存，上面写着“暹罗鸡 料理 滑蛋鸡肉盖饭”等菜品，以及“市内可快速送外卖”（图52）。旧东京府（现东京都）成立后，于明治二十二年至昭和十八

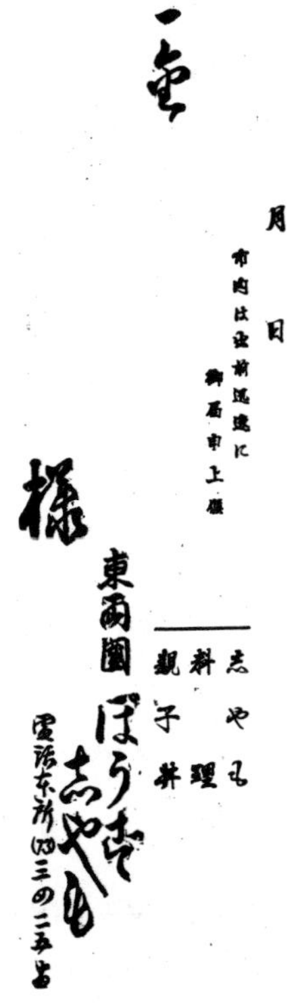
一金
月　日
市内は至急迅速に
御届申上候
志やも
料理
親子丼
東両國
ぼうずしやも
様

图52　光头暹罗鸡的收据

年设立东京市。从收据上的“市内”这一表述可知，当时已经提供滑蛋鸡肉盖饭的外卖服务。根据如今的女老板所说，外送滑蛋鸡肉盖饭的服务一直持续到昭和三十九年前后。

也有其他店铺将滑蛋鸡肉盖饭作为招牌。《月刊食道乐》(明治四十年一月号)中介绍了三家禽肉料理店，其中有一家是牛込肴町的“川铁”，这家店的招牌菜虽然是“什锦火锅”，但“滑蛋鸡肉盖饭也是该店的招牌。所有滑蛋鸡肉盖饭都装在丼里，叫亲子丼，不过这家店用的容器是食盒。这样看来，川铁出售的滑蛋鸡肉盖饭更适合叫滑蛋鸡肉盒饭”。明治末期，滑蛋鸡肉盖饭已十分普及，滑蛋鸡肉盒饭也诞生了。

西餐店的滑蛋鸡肉盖饭

“川铁”把滑蛋鸡肉盖饭当作招牌时，西餐店也推出了滑蛋鸡肉盖饭。作家菊池宽在《半自叙传》中写道：“我想写一些当时去东京的事情。”他回忆：“我堂姐以前在东京待过，我去东京的时候她告诉我，让我一定要尝尝滑蛋鸡肉盖饭，非常好吃。于是我到东京不久后就去吃了放有洋葱的滑蛋鸡肉盖饭，那是一家小小的西餐店，位于汤岛穿山道岩崎邸的斜对面。堂姐说得没错，真的很好吃。之后每当我有闲钱和机会时，我都会去那家店吃上一碗滑蛋鸡肉盖饭。”

明治二十一年，菊池宽出生于四国高松藩的一个儒学者家庭。对于一个在那样的家庭中度过少年时代的人来说，滑蛋鸡肉盖饭是一种未知的食物。明治四十一年，他因考上东京高等师范学校而前往东京，第一次在西餐店吃滑蛋鸡肉盖饭时就被那个味道迷住了，之后凡是有机会就会再去品尝。菊池宽介绍这家店为“一品菜肴的西餐店”。当时流行的一品西餐店也将滑蛋鸡肉盖饭加入了菜单，并使用了洋葱（图53）。

洋葱历史悠久，原产地并不明确，似乎是在中亚，很早传入古埃及，之后在地中海地区普及乃至整个欧洲。由此可见，洋葱很早就从原产地传到了西方，但不知道为什么没有传到东方。明治初年，洋葱作为一种西式蔬菜传入日本，之后迅速扩大生产。《进口五谷蔬菜要览》（明治十九年）记载了来自欧美的“葱头”种类（图54），明治三十三年刊的《农家宝典》记载，“葱头（百合科）在西方是非常贵重的蔬菜，近来在日本需求也非常大。东京附近亦有栽种，收益颇丰”，意思是洋葱的需求量增加，东京近郊也开始种植。当然，它在绿色蔬菜市场随处可见，《东京风俗志》（明治三十四年）中写道：“近来，球葱、马铃薯等在绿色蔬菜市场销量更高。”

洋葱成了日本人熟知的食材，西餐店的滑蛋鸡肉盖饭也开始使用洋葱。在滑蛋鸡肉盖饭中加入洋葱的创意或许来自用西式蔬菜烹饪的西餐店。

荞麦面店的滑蛋鸡肉盖饭

接着，荞麦面店也把滑蛋鸡肉盖饭加入了菜单。幕府末期，

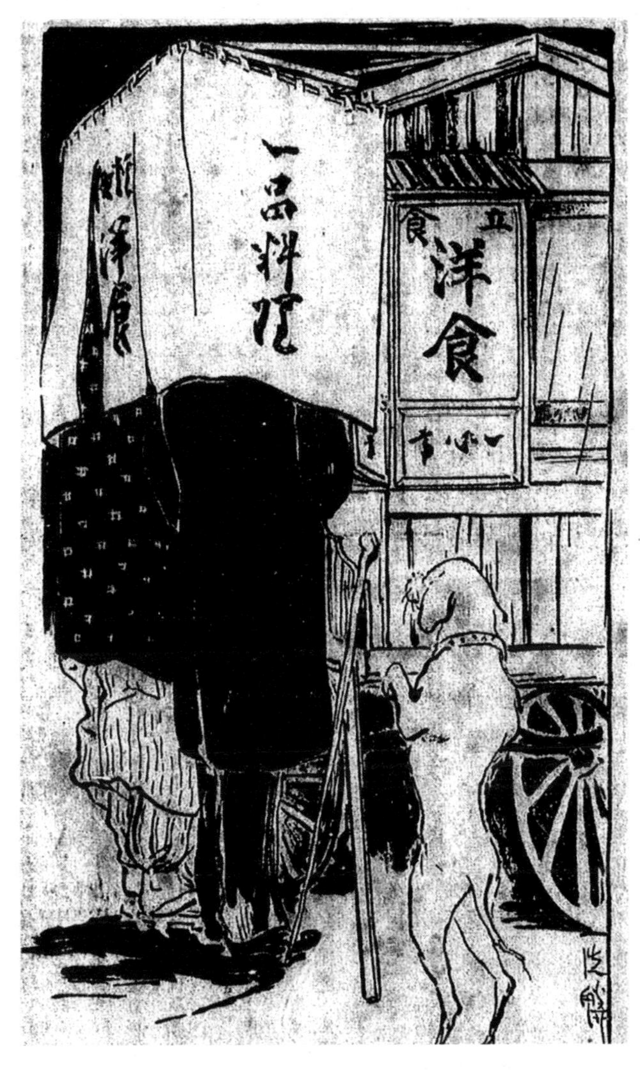

图53　一品西餐的摊位。字号帘上写着“一品料理 简易西餐”，招牌上写着“站着吃的西餐”。《太平洋》(明治三十六年十二月十日号)

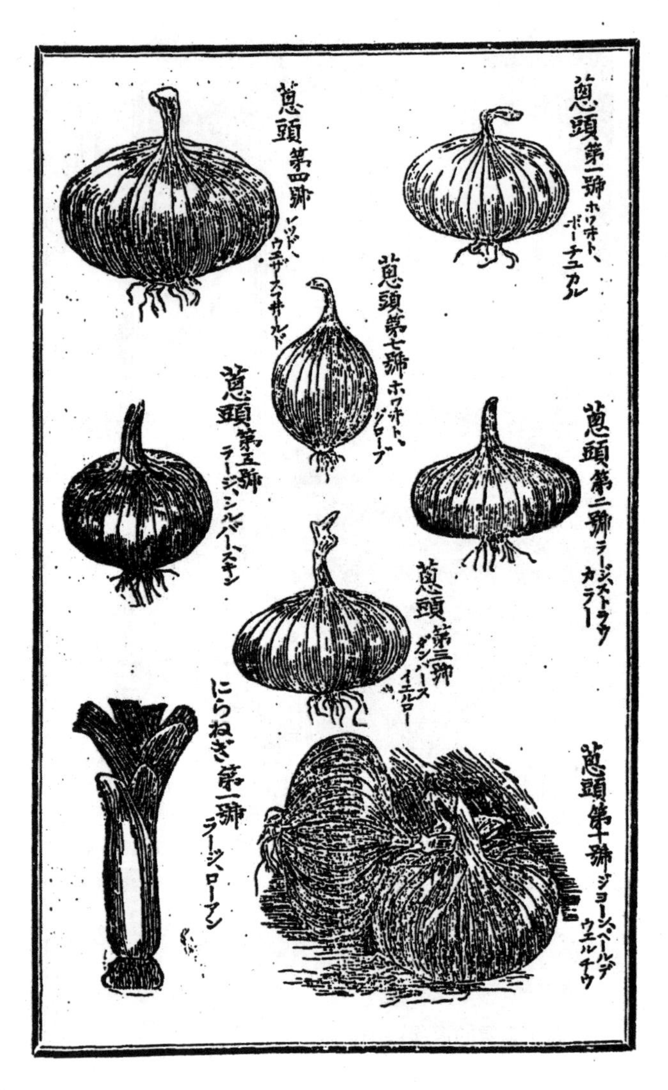

图54　进口洋葱的种类。从欧美传入十二种洋葱，这里绘制了其中七种。《进口五谷蔬菜要览》（明治十九年）

荞麦面店推出了“鸡肉南蛮煮”和“滑蛋荞麦面”，前者用鸡肉制作，后者用鸡蛋（《江户见草》）。因此，荞麦面店有做滑蛋鸡肉盖饭的食材。但是，进入大正时代后，荞麦面店才开始出售滑蛋鸡肉盖饭，就像我们在天妇罗盖饭那一章所说（第92页），大正元年，新宿武藏野馆里的船桥屋首次同时出售天妇罗盖饭和滑蛋鸡肉盖饭，这是比较早的例子。

大正三年前后，越来越多的店铺开始出售滑蛋鸡肉盖饭。关东大地震后不久，东京街区大概能看到六百多块临时招牌，《新帝都招牌考》（大正十二年十二月）描绘了这一场景，其中有一家荞麦面店的招牌上写着“纯荞麦面 天妇罗盖饭 滑蛋鸡肉盖饭”（图55），可见荞麦面店有出售滑蛋鸡肉盖饭。

荞麦面店售卖滑蛋鸡肉盖饭的时间虽然晚于禽肉料理店和西餐店，但荞麦面店的数量很多。明治十年，东京府内共有624家荞麦面店，均位于东京市内。滑蛋鸡肉盖饭变成了一种日常食物，可以说荞麦面店在其中功不可没吧。

因为荞麦面店出售鸭肉南蛮煮，所以也有些店铺像新桥站附近的“能登治”一样，出售江户时代那种用杂交鸭和鸡蛋做成的滑蛋鸭肉盖饭。

百货商店食堂的滑蛋鸡肉盖饭

终于，滑蛋鸡肉盖饭在百货商店的食堂中也闪亮登场。《东京名物食记》（昭和四年）记载了时事新报家庭部记者们的觅食

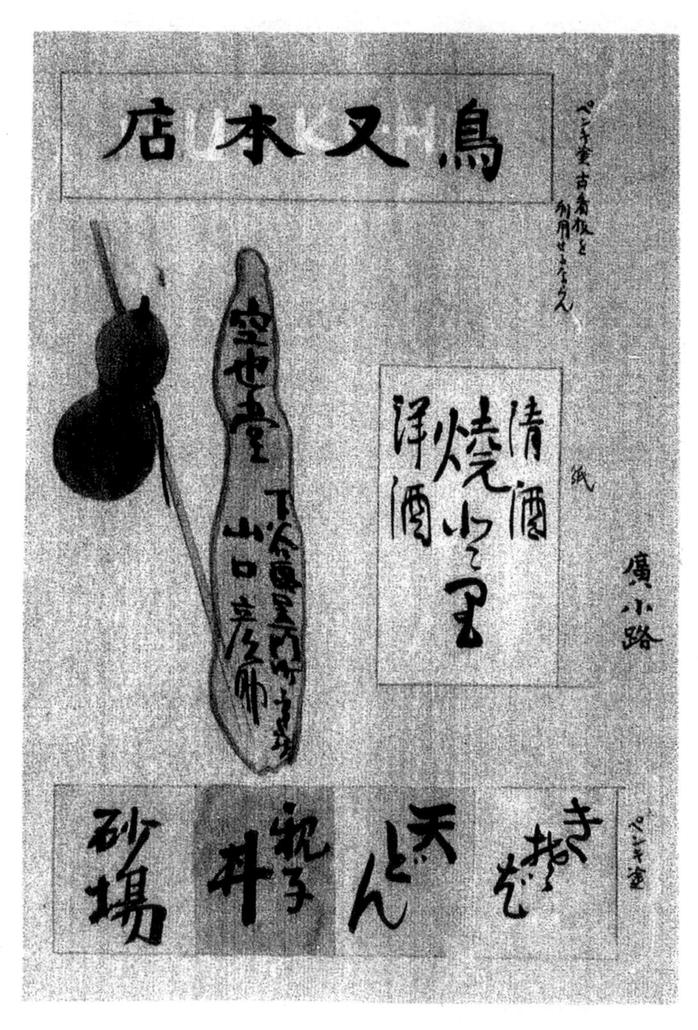

图55　上野广小路附近荞麦面店的招牌，可以看到滑蛋鸡肉盖饭（親子丼）的名字。《新帝都招牌考》（大正十二年十二月）

纪实，他们探访各种餐厅采访。四名记者前往“银座松屋食堂”，点单如下：“S：牛排+米饭（八十钱）；H：滑蛋鸡肉盖饭+汤（五十钱）；M：通心粉+芝士面包（四十钱）；久夫：包子（十五钱）”，M作为代表撰写了用餐报告，他评价H点的滑蛋鸡肉盖饭：“滑蛋鸡肉盖饭，碗底不稳，H一只手才能抱着（太大了）慢慢吃完。分量少，味道中等，附带的汤品没什么可说的，只有新腌的咸菜算是美味。”（图56）百货商店食堂半数的滑蛋鸡肉盖饭都附带汤品和新腌的咸菜。

除了百货商店食堂外，大众食堂里也能看到滑蛋鸡肉盖饭。

图56　银座松屋食堂的用餐场景。《东京名物食记》（昭和四年）

一濑直行所著《女友和垃圾箱》（昭和六年）一书记载了浅草的食堂价格。我们来举几个例子：

中国料理：拉面十钱、烤肉荞麦面二十钱、烤虾荞麦面和什锦荞麦面二十五钱；

西式料理：咖喱饭八钱、牛肉洋葱盖浇饭十钱、蛋包饭十五钱、嫩煎鸡肉二十钱；

日本料理：日式汤十钱、什锦鸡蛋羹十五钱、寿司和散寿司饭二十钱、生鲍鱼二十五钱、天妇罗盖饭二十五钱、滑蛋鸡肉盖饭和开化盖饭三十钱。

滑蛋鸡肉盖饭和开化盖饭的价格是这家食堂里最贵的，价格为拉面和咖喱饭的三倍，较什锦荞麦面、饭团寿司、散寿司也很贵。这一时期，滑蛋鸡肉盖饭的价格还很高，不过能在大众食堂以百货商店近一半的价格吃到。对了，开化盖饭是指将牛肉或猪肉和洋葱及滑蛋混合在一起制作而成的食物。

另外，该书还登载了其他食堂的“价格表”，可以看到“鸡蛋盖饭二十钱”。这一时期，鸡蛋盖饭也被列入了食堂菜单之中。

虽然人们养鸡的历史始于两千年前，但是用鸡肉和鸡蛋做的滑蛋鸡肉盖饭诞生却经过了相当漫长的过程。到了明治时代，社会巨变，具备了滑蛋鸡肉盖饭诞生的条件。而后，滑蛋鸡肉盖饭开始在禽肉料理店、西餐店、荞麦面店、食堂等地出售，成为备受日本人喜爱的食物，如今依然有很多店铺将滑蛋鸡肉盖饭作为招牌菜肴。

第四章

牛肉盖饭的诞生

一　不吃牛肉的日本人

屠牛禁止令

虽然如今的牛肉盖饭是国民人气食物，但其实在从前，日本人几乎不吃牛肉。

公元五六世纪时，牛被引进日本，但主要用于农耕。虽然似乎也有人食用牛肉，但如前文所述，天武天皇于天武四年宣布禁止食用牛肉（第117页），又于养老二年制定刑法《养老律》，禁止宰杀牛马，规定“凡故意宰杀官私马牛者，徒刑一年”（《厩库律》《律》，昭和四十九年）。意思是如果有人宰杀政府和民间饲养的牛马，此人将被“徒刑一年”。这里的“徒”指的是徒刑，相当于如今的惩役刑罚，刑期为一年至三年。故意杀牛将被处一年的徒刑，偷盗并宰杀他人牛马者将加重刑罚，规定“凡盗杀官私马牛者徒刑两年半”。

之后，圣武天皇又于天平十三年二月七日颁布诏令，宣布“马牛代人辛勤劳作以养活人。先前已有规定，决不允许宰杀。但听闻如今‘国郡禁止宰杀，仍有百姓不从’。违者无论荫赎，杖责一百问罪”。意思是牛马代替人劳动，养活人，因此严禁屠杀牛马，但却听说不从的情况依然存在。岂有此理，今后若存在屠杀的情况，无论身份高贵低贱（无一例外），首先杖责一百（杖打一百下的刑罚），再问其罪责。杖刑之后如何处置并无明确记载，不过《养老律》中有规定：屠杀牛马者处以一年或两年半徒刑，那么应该就是如此吧。屠牛者除了被杖打屁股一百下之外，还将坐牢一年至两年半。

近世初期天主教和牛肉料理

因为天皇的命令和法律限制，日本人一直不吃牛肉，但十六世纪后半期南蛮人[①]来到日本后，日本人受其影响也开始吃牛肉。如前文所述，弗洛伊斯开始吃“至今为止日本人非常讨厌的鸡蛋和牛肉料理”，他说“连太阁（秀吉）都很喜欢那些食物”（第106页）。松永贞德也说“传教士在日本时，京都民众称牛肉为WAKA，并对之赞不绝口”，表现了京都人对牛肉的盛赞。“WAKA”来于葡萄牙语的“VACA”（牛肉）一词。

但是，这样的时代并未持续很久。弗洛伊斯提到秀吉很喜欢吃牛肉，但秀吉在天正十五年六月十八日下令限制近世初期天主教的传教和信仰，同时禁止买卖、宰杀及食用牛马，曰：“应禁买卖、宰杀及食用牛马。”次日，他又下令全面禁止近世初期天主教传教，传教士需在二十日之内离开日本。因此我们可以认为，秀吉推行的方针同时禁止了受近世初期天主教影响普及的牛肉料理。

---

① 南蛮：室町时代至江户时代期间，对暹罗、吕宋、爪哇等南方各地区的总称。本书特指葡萄牙人和西班牙人。——编者注

江户幕府的屠牛禁止令

江户幕府也延续了禁食牛肉的方针。二代将军秀忠于庆长十七年八月六日颁布五条禁令，分别为一年季奉公、近世初期天主教信仰、藏匿罪犯、烟草的吸烟与买卖、屠牛，其中关于屠牛的禁令为“一 禁止杀牛。蓄意杀牛者禁止买卖”。

不得杀牛，蓄意杀牛者不得售卖牛，于是食用牛肉一事被禁。而且，因为这一禁令和禁教令同时颁布，所以食用牛肉者就有可能被视为近世初期天主教教徒，而实际上也发生了这样的事情。

那是在宽永十七年，江户的四谷宿附近住着九名百姓。这一年，因为那里要建造幕府官员们的下邸宅，所以百姓被命令搬迁，可在搬迁时，在这些百姓的居住遗址却发现遗留了牛角等东西，证明他们食用过牛肉，因此这些人被怀疑是隐藏在百姓当中的近世初期天主教教徒。调查结果显示确实如此，于是这九人被斩首，并悬挂于狱门示众。

或许因为隐藏的近世初期天主教教徒因食用牛肉而暴露并被处以极刑，所以当时的人也就稀里糊涂地不吃牛肉了吧。

德川幕府第五代将军德川纲吉曾颁布有名的“生类怜悯令”，后来又于贞享四年正月二十八日颁布“禁弃牛马令”，即牛马等生物即便罹患重病也不得丢弃，宝永二年五月二十九日又颁布“爱护牛马令”，即不得用牛马载重物或背负大件货物，使用时也应适可而止，不得使之疲惫，应爱护之。

二　江户时代的牛肉料理

牛肉料理和近世初期天主教无关

正如橘川房常所著《料理集》（享保十三年）中所写“食牛肉者将有一百五十日的污秽”，将牛肉视为污秽的思想由此固定，到了江户时代中期才有所改变。

江户幕府镇压近世初期天主教的行为在宽永年间更加猖獗。宽永十五年，幕府再度颁布禁教令，宣布检举者可获赏银（《御当家令条》卷十八）。次年，宽永十六年，葡萄牙船只被禁止进入日本。宽永十八年，荷兰商馆从平户被移至长崎出岛，所有外国船贸易都被集中到长崎，完成锁国政策（图57）。

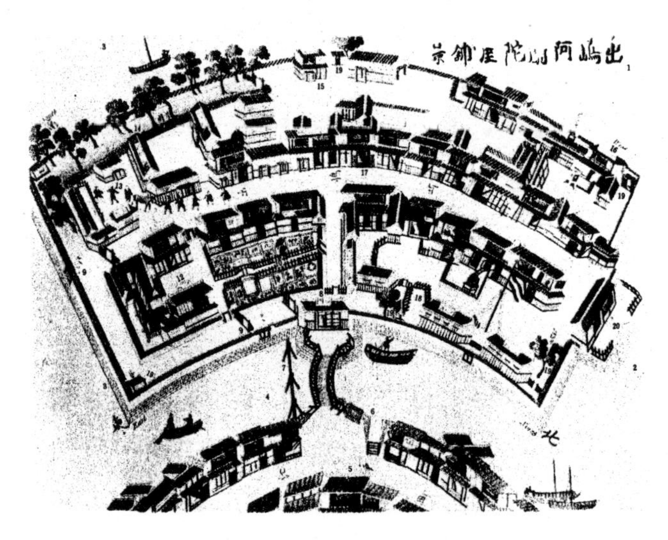

图57　长崎出岛的荷兰商馆。《日本风俗图志》（文政五年）

幕府通过这一系列的政策切断了基督教传入日本的途径，而且通过“寺请制度”彻底取缔了近世初期天主教。寺请制度是一种国民义务制度，即让国民成为某一家寺院的檀徒，以证明该国民不是天主教教徒。宽文十一年起每年都会制作“宗门人别改账”，相当于户籍簿，可以从一个人所属地的檀那寺证明此人是檀徒。全体国民在制度上被视作佛教徒。

表面来看，幕府的政策令天主教教徒消失在社会中。天主教和牛肉料理失去了关联，宝永六年正月，纲吉去世，“生类怜悯令”被废除。

这样一来，人们爱护牛的意识淡薄了不少，各个村庄都开始杀牛。老中本多忠良于元文三年四月向御料（幕府的直辖领）的代官和私领领主（《德川禁令考》前集第五）通报文书，其中写道：“闻备前、备中、近江国之内大肆购买及杀牛，为禁屠杀而颁文书，令御料代官、私领主审查，禁各村屠牛。然闻上述三国及石见、备后、美浓国近来又有村子杀牛，此举极为不妥。审查应予注意，不可有疏。如上所述，御料、私领应相互配合。”

针对备前、备中、近江地区出现大肆杀牛的情况，虽然有些村庄在过去的子年（应指享保十七年）书面禁止时停止了杀牛，但最近，除了前文提到的三国之外似乎还有其他村庄宰杀。

因为这种行为十分无礼，所以日本为了不发生杀牛事件而开始监视人们，并下令如有违者会仔细调查。

彦根藩的牛肉料理

人们杀牛大多是为了用牛皮制作武具和马具，但取完牛皮后的肉也被吃掉了。前文中提及彦根藩“大肆杀牛”，彦根藩在近江国拥有领地，元禄年间，味噌腌彦根牛肉十分有名，赤穗浪士大石内藏助与长老堀部弥兵卫志同道合，他曾赠予堀部弥兵卫一种“养老品”，那便是“彦根产味噌腌黄牛肉”，当时所附的信件流传了下来。

根据该书信记录，彦根人自元禄年间便开始食用牛肉：“纲吉颁布‘生类怜悯令’时，屠牛行为也暂时绝迹，但宝永六年正月该令被废除后，应该就又恢复了。《井伊家御用留》（井伊家文书）中安永年间之后的记录显示，彦根牛肉被赠予诸侯”，并按年代顺序写下了获赠者一览表。

通过该一览表可知，安永十年至嘉永元年，彦根藩主井伊家赠予将军家、老中和诸侯牛肉作为药用和严冬慰问品，或者根据他们的需求，屡次赠予他们味噌腌牛肉、干牛肉、酒糟腌牛肉、酒煎牛肉等牛肉制品。尤其是根据将军家的需求敬献牛肉时，井伊家会派遣两名飞脚，一人走东海道路线，另一人则从中山道快速赶往东京。这样一来，无论哪一人中途受到阻碍，另一人也可以尽快到达。

江户市民开始食用牛肉

因为将军和大名都在食用牛肉，所以江户市民即便食用牛肉也不稀奇，实际上也确实有人吃。江户后期的汉学家松崎慊堂所著《慊堂日历》（文政六年四月十四日—天保十五年三月十九日）中有记载：

（1）“鹿肉、牛肉。石川胜助所赠”（文政七年八月二十九日）；

（2）“于井斋氏处用餐。盐渍牛肉，食之，胃部滞困”（文政九年二月七日）；

（3）“林长公寄来亲笔信，蒙赐博多酒、牛肉”（天保二年十二月二十七日）；

（4）“渡边华山托石窗送来牛肉”（天保八年正月十一日）。

（1）作者从弟子石川胜助那里获赠了牛肉；（2）作者到访医生十束井斋（用荷兰医术行医）的家，吃了盐渍牛肉，但是觉得很不消化；（3）作者收到弟子林柽宇（林长公）赠送的牛肉，林长公既是一名儒士，也是幕府的儒官；（4）作者收到渡边华山委托海野予介（石窗，慊堂的弟子）赠予的牛肉，渡边华山既是画家也是一名西洋学者。

松崎慊堂于文政七年至天保八年食用和获赠牛肉。同一时期，汉学家、荷兰医生、西洋学者等人还会一同食用牛肉。

那么，他们是如何得到牛肉的呢？

江户的牛肉店

方外道人所著《江户名物诗》（天保七年）介绍了出售牛肉的

店铺，“近江屋太牢馔 室町一丁目 铜网制招牌。反本巴艾·太牢馔。黄牛肉制，适合佐酒。添加味噌与甘泉”（图58）。

意思是一家名为近江屋的店铺在江户室町出售“太牢馔”。“太牢馔”是用黄牛肉加味噌和甘泉制成的，因此就像黄牛（呈米黄色的上等牛）制的味噌腌牛肉一样，非常适合做下酒菜。这家店或许是近江彦根藩的直营店或指定店吧。所谓“反本巴艾”应该是《彦根市史》“彦根牛肉”一节中记载的药用牛肉，具体如下：“元禄年间，藩主井伊直澄的家臣花木传右卫门在江户供职，当时阅读的《本草纲目》中有一种以上等黄牛肉为主药材制作的药用牛肉，名为‘返本丸’。”

近江屋太牢饌 室町一丁目
銅網招牌 近半店 反本巴艾太牢饌黄牛
肉製宜進酒又是味噌與甘泉

图58　江户的牛肉店。《江户名物诗》（天保七年）

明治十八年出版的《日本食志》记载，“近世效仿西方各国，再次开始食用牛肉。距今四十年前，江州高宫宰杀牛后做成味噌腌牛肉，接着在江户彦根藩公开出售，对马藩邸亦如是，基于此，日本人再次开始食用牛肉”。意思是明治十八年前后，彦根藩和对马藩公开出售牛肉，近年，受西方文化影响，日本人再次开始食用牛肉。松崎慊堂吃的应该就是彦根藩和对马藩店里出售的味噌腌牛肉和盐渍牛肉。

虽然只是极小的范围，但江户后期的确出现了开始食用牛肉料理的人，这为安政元年开国以后牛肉料理的流行奠定了基础。

三 文明开化和牛肉料理

开国和文明开化

日本幕府于安政元年与美国签订《美日亲善条约》，自此解开了延续两百多年的锁国政策，安政五年六月又与美国签订《美日友好通商条约》，同年九月又和荷兰、俄罗斯、英国、法国签订友好通商条约，这些条约被统称为“安政五国条约”。日本遵从这一条约，于安政六年开放了神奈川（横滨）、长崎、箱馆（函馆）三个港口，开始和五个国家进行自由贸易。

开港后，许多欧美人来到了日本，受他们的饮食文化影响，肉食开始在日本普及，以牛肉为主，其中起到先锋作用的是一个名叫中川嘉兵卫的人。

文化十四年，中川嘉兵卫出生于三河国额田郡伊贺村（爱知县冈崎市）。他向往和外国人做生意，于是学了数年外语，后来很多外国人因为开港来到了横滨，所以他也前往横滨。刚开始他是尘芥取的人夫，后来得到美国医生西蒙斯的认可成了他的员工。中川敏锐地看准商机，预测今后牛奶需求量会大幅增长，前景颇佳。于是，中川于庆应元年在横滨的洲干便财天（位于开港地中心横滨町的入口处）附近开办了挤奶场，挤出的牛奶全都送到西蒙斯那里装瓶，然后出售给外国人。但是次年，这一事业终于走上正轨时却遭遇了火灾，烧毁了挤奶场和饲养的两头乳牛。尽管如此，中川依然没有放弃，他转而在横滨经营粮食品店，出售面包、饼干之类的商品。他在《万国报》（庆应三年三月下旬号）刊登了广告，广告上写着“面包、饼干、饮品 以上物品本店应有尽有，备货充足，静候光临。横滨、元町一丁目，中川屋嘉兵卫”（图59）。

开港后，日本因为外国人的到来开始发行近代化报纸。文久元年，英国人哈桑德率先在长崎发行《长崎·装箱单和广告主》，庆应三年一月，英国传教士贝利在横滨开创《万国报》。因为外国人发行的报纸主要面向在日本的外国人，因此中川在报纸上刊登广告，向外国人出售面包、饼干类商品。

据说日本人经营的第一家面包店是富田屋，资料记载“庆应二年二月，内海兵吉在如今的北中通一丁目六番地生产面包、饼干并向外国人出售，商号为富田屋”，但第一个在报纸上刊登面包和饼干广告的应该是中川吧?

中川嘉兵卫的牛肉店

不久后，中川一边经营粮食品店，一边把目光转向牛肉生意，在高轮开了牛肉店。《万国报》（庆应三年六月中旬号）刊登了

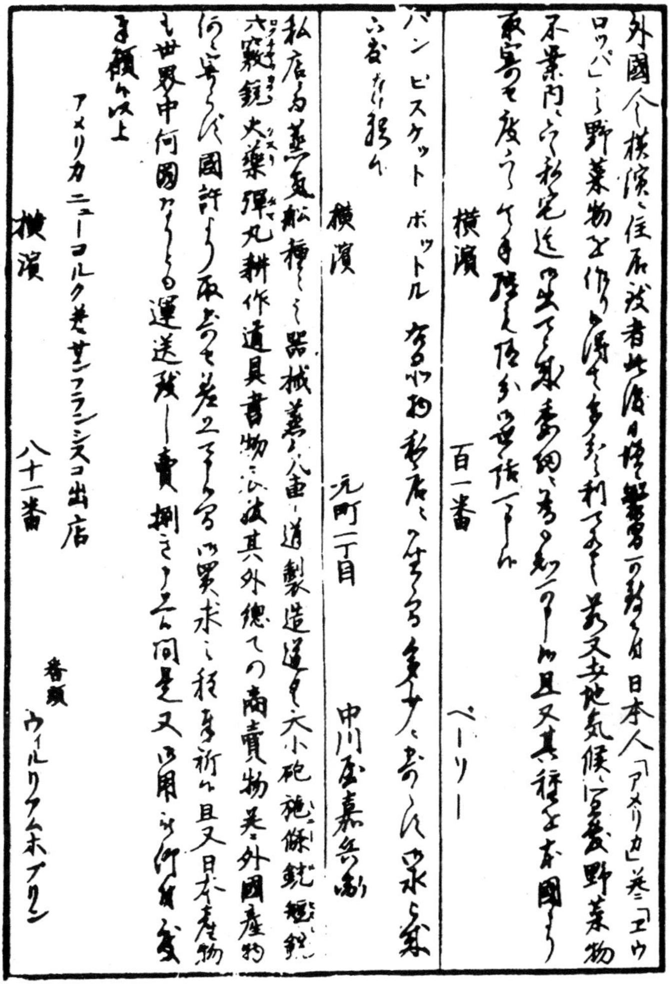

外國人之横濱ニ住居致者此度日様ニ鑑當ニ附 日本人「アメリカ」並ニ「エウロッパ」之野菜物ヲ作り候得ば多分之利可有之 然又其地気候ハ宜敷野菜物不案内ニ候間私宅迄御出下候様奉願候 尤御知らセ申上候且又其種子本國より取寄せも致し候ニ付手隙之節御出被下候様相願候

横濱 百一番 ペーリー

パン ビスケット ボットル 等御好物私店ニて売出し候 多少ニよらず御求め被成下度御願申上候

横濱 元町一丁目 中川屋嘉兵衛

私店ニて蒸気船種々之器械蒸気ニて八面ニ道製造大小砲碗銃鑑銃 六穀鏡(ロクトカン) 火薬(シスリ) 弾丸 耕作道具 書物ニ至迄其外総ての商売物並ニ外國産物 何ニよらず國許より取寄せ差上可申候御望之御求ニ預り度候 且又日本産物も世界中何國迄も運送致し売捌き申候 問屋又ハ周旋も何分宜敷御頼申上候以上

アメリカ ニューヨルク並サンフランシスコ出店

横濱 八十一番

番頭 ウィルリアムホブリン

图59 中川屋嘉兵卫登在报纸上的广告（中间）。《万国报》（庆应三年三月下旬号）

“高轮英吉利馆波户场侧，中川屋开业”的开店广告。

“中川屋鄙人此次在江户高轮英吉利馆波户场侧开店，出售肉类。尤其是牛肉，不仅适合健康人食用，虚弱、患病及病愈者食之更可增气力、强体魄。均为直销。希望各位多多惠顾。鄙人已将整块牛肉绘成图并加以注释，您可了解部位名称及相应的烹饪方法，如烤、煮等。”

中川描述了牛肉的功效，可令虚弱、生病以及病愈者增加气力、强健身体，除此之外，他还图解了牛肉的部位名称和等级，提供了适合各个部位的料理方法（图60）。中川也是第一个用插图宣传牛肉的日本人。

当时，英国大使馆位于高轮泉岳寺前（东京都港区），中川预计英国大使馆会有需求，于是在大使馆旁开了店，其他国家的使馆也在附近（如今超过半数的驻日大使馆依然位于港区内）。中川的开店策略奏效，生意非常好，同年十二月他又在柳原承包地开店，并在《万国报》（庆应三年十二月下旬号）登载广告：

“牛肉店初开设于高轮，以便供应各国大使馆便当，后因需求日渐增加，如药用、家用等，亦可远途配送，此次在柳原开设分店，希望大家多多惠顾。

江户柳原承包地 中川屋”

开设屠宰场

中川在高轮开牛肉店不久前，因为需要置办出售的牛肉，在江户开设了屠宰场。《食肉卫生警察》上卷（明治三十九年）中写道："中川获得幕府外国官员的许可，于庆应三年五月在芝白金村字猿町开设屠宰场。这是东京私立屠宰场的开端。"庆应三年五月，首次在江户开设屠宰场的就是中川。当时在江户开设屠宰场似乎非常难，石井研堂所著《明治事物起源》（明治四十一年）中记载，"横滨在庆应初年已经开了两三家肉店。但江户依然很顽固，无人出借用于屠宰牛的地皮。某天，荏原郡白金村（港区白金）一个名为堀越藤吉的乡士——如今淡路町中川雇主的祖父——出借了地皮，自此，江户开始屠牛。这就是东京屠牛场的开端"。

后来到了明治元年，其他地方也开设了屠宰场，但不久后就被废弃。《明治事物起源》增补修订版《增补改订 明治事物起源》（昭和十九年）提到："明治元年，万屋万平、大宫孙兵卫等人继中川之后也在芝区西应寺町开设了屠场。次年，民部省通商司创办挤奶场，同时在筑地门迹附近设立牛马公司，开始屠牛，规定一年税费为一千三百三十日元，把所谓的御用商人当卖家，前文中的两处私立屠场因此而倒闭。"由此可见，明治政府于明治二年设立牛马公司，废除现存的私立屠宰场，禁止个人杀牛，因此私立屠宰场倒闭。但是，明治政府设立的牛马公司不久后运营受阻，不到一年便遭废弃。之后，东京府的屠宰场历经新设、整合、废

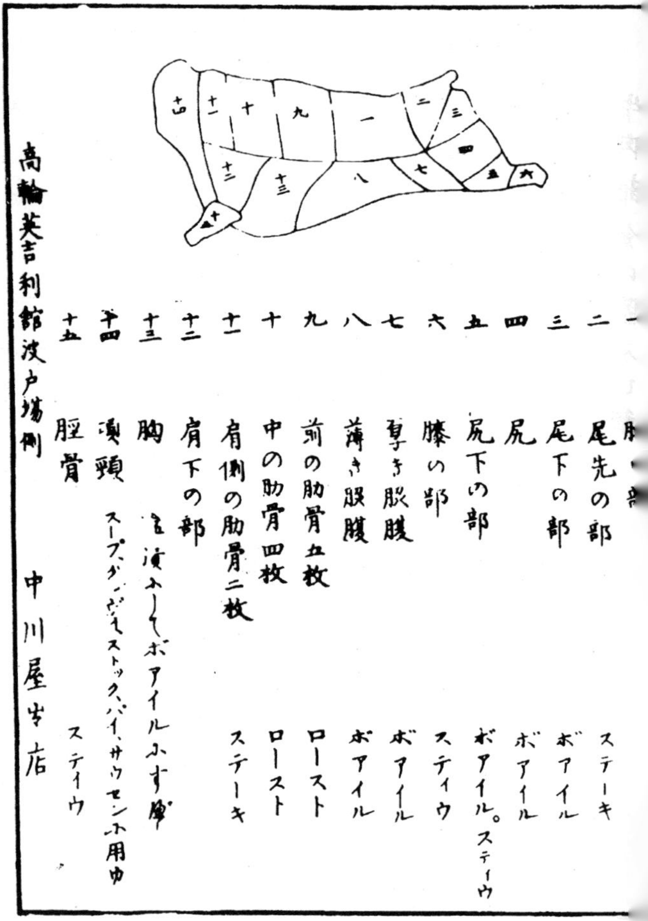

一　…の部　ステーキ
二　尾先の部　ボアイル
三　尾下の部　ボアイル
四　尻　ボアイル
五　尻下の部　ボアイル。スティウ
六　膝の部　スティウ
七　厚き股腹　ボアイル
八　薄き股腹　ボアイル
九　前の肋骨五枚　ロースト
十　中の肋骨四枚　ロースト
十一　肩側の肋骨二枚　ステーキ
十二　肩下の部
十三　胸　塩漬ふしてボアイルにす部
十四　頸　スープ、かんぶつ、ストック、パイ、サウセンに用ゆ
十五　脛骨　スティウ

高輪英吉利館波戸場側

中川屋出店

图60　中川屋嘉兵卫的牛肉店开店广告。图解牛肉部位，并提供

中川屋某

此人今般江戸高輪英吉利館波戸場側ニ仮店を開き肉類を賣出せり就中牛肉ハ健康体ニ宜しきのミならず別して虚弱及ひ病身の人又ハ病後ニ久しく食すれバ氣力を増し身体を壮健ニす且又肉の素性を撰し成る丈け下直ニ賣捌ニ付四方の君子多分ニ買ひ求められん事を望む又牛肉の全体を圖ニ顕し其解ニ添へて其名所を知らしめん何れの部をロースト、ボアイル、スティウニ用ゆ可きやを詳らかに説き明かせり

牛肉部分の善悪ニ由て五等ニ分つ

第一等　一　二　九

第二等　四　七　十

第三等　三　五　八　十一　十二　十三

第四等　十四

第五等　六　十五

牛肉部分の圖及ひ解

的料理方法。《万国报》（庆应三年六月中旬号）

弃，过程迂回曲折，到了明治三十九年四月，《屠场法》颁布。明治末期，大崎、三轮、寺岛、八王子、福生五地开设屠宰场（《日本食肉史》，昭和三十一年）。

肉食加工数增加

虽然屠宰场完善的过程看起来迂回曲折，但在此期间，屠牛数却年年增加。据明治六年一月十二日的报纸《公文通志》报道："明治初年，东京府每日屠牛不超过一头半或两头。旧冬（明治五年）变成每日屠二十头。二十头牛的肉按一人半斤（250克）算够五千人吃。这样计算的话，三四年后牛的消耗量应该就会达到每日四五百头。有人说，眼下最紧急的是如何加速牛马繁殖。"虽然牛繁殖的速度并未像报道预测般增长，但屠牛数却在稳稳当当地上升，明治九年七月十二日的《邮政通知报》报道称："府下的今里村和浅草新谷町的两个屠宰场从去年冬天到春天每天捕杀近三十头牛，每日售卖十头左右，喜欢吃牛肉的人越来越多，较去年增加一倍。"

在屠牛数攀升的同时，牛肉店数量也有所增加，明治十年十一月八日的《朝野新闻》报道共有五百五十八家牛肉店，"书生们吵嚷着'啊，大开化大开化！'还在想是什么事呢，原来是府下的牛肉店多得吓人。首先一大区有一百六十一家，然后二大区有一百零四家，三大区有六十二家，四大区有五十三家，五大区有七十四家，六大区有三十四家，七大区有二十家，八大区有十四家，九大区有四家，十大区有三十家，十一大区有两家”。当时，东京府范围大概是如今的二十三区，被分为十一大区。这里的牛肉店多达五百五十八家。

屠牛数之后也不断增加，明治末期的1909年达到两万两千一百三十八头。

四 牛肉锅的流行

出现牛肉锅店

因为幕府末期的开国政策，人们开设了屠宰场，食用牛肉加工数增多，市面上出现了牛肉料理，其中牛肉锅尤其流行。

到了江户时代后期，江户城中出现了出售兽肉锅的店铺。兽肉锅店称野猪肉和鹿肉为“山鲸”，然后把这些肉做成料理出售，寺门静轩所著《江户繁昌记》初篇“山鲸”（天保三年）中写道：“几乎所有的肉都能与葱搭配。一位客人一锅。连火盆一块儿端上桌。大户佐酒，小户佐饭。”《守贞谩稿》卷之五中也写道：“京阪地区均有店铺在端街上专门出售猪肉和鹿肉。现在不仅有那种用苇帘围着的店铺，还有小店，这种店在江户特别多。江户、大阪和京都大多会加入葱做成锅料理。”可见兽肉锅在幕府末期十分流行。带有插图的*Tanefukube*三集（弘化二年）描绘了人们在兽肉锅店中用餐的样子，拉门上写着“知道”（图61），应该是指“大家都知道的兽肉锅”吧。

暹罗鸡肉锅也开始流行，《守贞谩稿》卷之五中写道：“食用等级低于鸭子的禽肉已成常事。自文化年间以来，京阪地区专门把日本鸡放入葱锅中烹煮食用。暹罗鸡也一样。”日本鸡肉锅、暹罗鸡肉锅和兽肉锅均与葱一同烹煮。

图61　兽肉锅店。拉门上写着“知道”。*Tanefukube*三集（弘化二年）

后来，牛肉锅店开始用牛肉代替兽肉和鸡肉来烹制锅料理，最早实行的应该是大阪。福泽谕吉在《福翁自传》(明治三十二年)中回忆：“我只要手边有一点儿钱就马上想着吃……我最常去的是鸡肉店，不过牛肉店比鸡肉店更方便。那时在大阪只有两家店能吃到牛肉锅，一家是难波桥的南诘，另一家位于新町的花街柳巷旁，因为是最下等的店，所以但凡有个人样儿的人都绝对不会去。老主顾全是满身文身的城镇地痞和绪方书塾的书生。他们毫不在意肉的来源，也不在意是不是被杀死和病死的牛，一个人只要花一百五十文，牛肉和米饭管饱，还能喝很多酒，只不过牛肉又硬又臭。”这是福泽在担任绪方塾塾长一职时发生的事情，也就是安政四年至五年。

接下来，横滨也出现了牛肉锅店。文久二年，居酒屋伊势熊在横滨开了第一家牛肉店，不过不清楚是住吉町还是入舟町。

东京的牛肉店

到了明治时代，东京也出现了牛肉锅店，明治元年版《岁盛记》“浅草名物”一节中可以看到“天王桥牛肉锅”的名字（图62）。天王桥是鸟越桥的俗称，位于奥州街道（现在的江户大道）和鸟越河交会处（台东区浅草桥三丁目附近）。

可以说这家店是东京较早出现的牛肉锅店，石井研堂所著《增补改订 明治事物起源》中写“中川屋”（中川嘉兵卫）创办了“第一家牛肉锅店”，具体如下：

“虽然出现了屠牛场，但销售牛肉的途径极少，充其量不过是卖给庆应义塾的学生而已……中川屋和堀越（前文中提到的白金村乡士堀越藤吉）商量，如果单纯卖肉的话前景不佳，而如果卖牛肉锅的话……听说要在芝・京桥边上租间店面然后卖牛肉锅，大家都拒绝了，虽然也有人开心租金高，愿意出租，但五人组不同意，再往下町去，更是一家愿意租的都没有。其中，芝露月町的东侧——当时外侧就是海岸——有一家愿意出租。房主是个贪婪的老太太，房租要得很高，不过五人组二话不说就租了，然后开了牛肉店。但是，中川屋的五棱郭伐冰生意失败，不得不隐退，

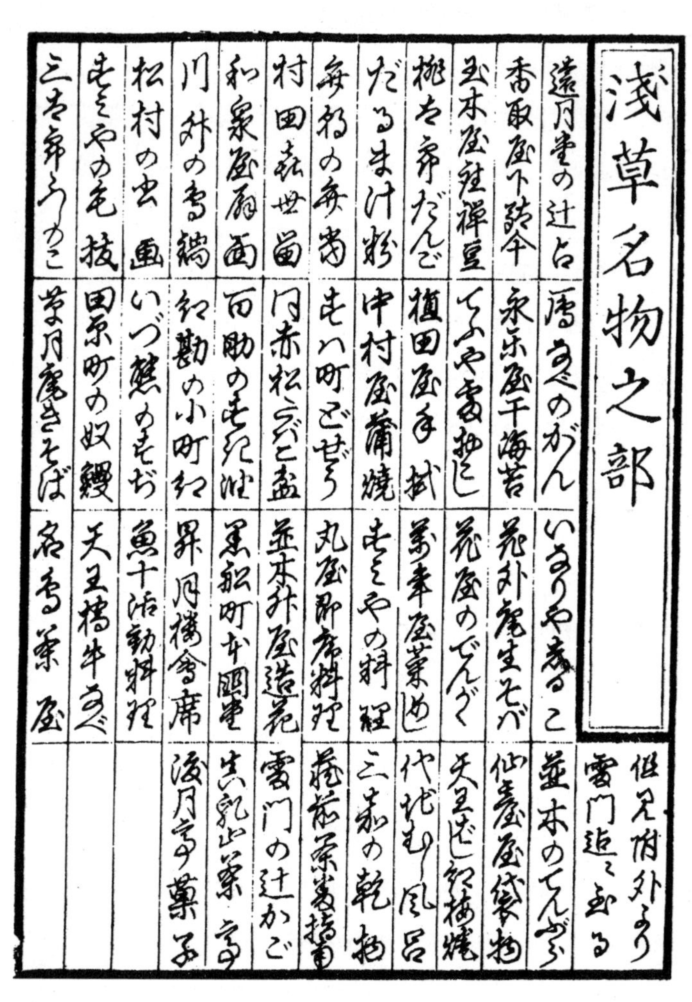

浅草名物之部

天王橋牛なべ

图62　东京较早出现的牛肉锅店。从上往下数第三行，左数第二家即为“天王桥牛肉锅”。《岁盛记》（明治元年）

堀越就收下了外国人馆的购肉股份然后独自经营。”

虽然文中并未明确写出牛肉锅店的具体开店时间，但似乎是明治元年。即便中川嘉兵卫不再经营牛肉锅店，他也促成了牛肉锅在东京的诞生。

三种牛肉锅店

明治初期，神乐阪鸟金、蛎壳町中初、小传马町伊势重等牛肉锅店继露月町中川后也相继开业。在此期间，假名垣鲁文所著《安愚乐锅》（明治四年—五年）发行，如其所写“无论士农工商、男女老少、贤愚贫富都吃牛肉锅，牛肉锅是不开化的奴才吃的”（初编“开场”），武士、帮闲（持太鼓）、娼妓、艺者、茶屋的女佣、手艺人、商人、歌舞剧演员、庸医、落语家等人纷纷来到牛肉锅店（图63）。牛肉锅店在此被称为“牛店”“牛肉铺”“牛屋”等。

之后，牛肉锅店的数量飞速增多，明治八年出版的《东京牛肉暹罗鸡流行店》对五十八家牛肉店进行了排名（图49，第131页）。牛肉锅店被分为上、中、下三等，服部诚一所著《东京新繁昌记》“牛肉店”（明治七年）中写道：“肉店分三等。旗帜飘于楼顶者为上等，灯笼挂于檐角者为中等，用拉门作招牌者为下等，皆以红色书‘牛肉’二字，代表所供均为新鲜肉。”意思是牛肉锅店分为上、中、下三个等级，它们的区别在于“牛肉”两个字是写在竖着的旗帜上还是挂在房檐前端的灯笼上，或是拉门上，但为

图63　面前放着牛肉锅的武士和町人。文中写着“似乎是哪处旧藩的公用方，随行的男性为町人”。《安愚乐锅》二篇（明治四年）

了表示都是新鲜的牛肉，所以都用红色颜料，这是它们的共同点。广重在《东京名胜筋违桥之真景》（明治时期）一画中就描绘了牛肉锅店，画中的店铺挂有写着红色字“牛肉”的旗帜（图64）。

随着时间的推移，牛肉锅店的风格虽然多少有些变化，但依然沿袭下来，明治二十八年十一月十日号的《风俗画报》（一百〇二号）中刊登了一篇题目为《牛肉屋》的文章，作者叫大田多稼，他写道：“如今，将旗帜挂于竿头飘扬的大多是上等店铺，中等店铺都是在檐头挂灯笼，灯笼上写有红色‘牛肉’二字，而下等店铺则是在入口的拉门上写着红色的字，并以之为招

图64　牛肉锅店，挂着写有红色“牛肉”二字的旗帜。桥的正对面可以看到旗帜。《东京名胜筋违桥之真景》广重画（明治时期）

牌……官吏、书生、商贾往来于上中等店铺，花费三四十钱填饱肚子，肉店各处都挤满了贪婪的客人。”

顾客根据自己的身份和预算选择不同等级的牛肉锅店，每家店的生意都很不错。

《东京商工博览绘》（明治十八年）中描绘了一家牛肉店，这家店挂着写有“牛肉”二字的灯笼，应该属于“上等”或“中等”（图65）。虽然不知道这家店的“牛肉”二字是否为红色，不过画家伊藤晴雨素描了一家拉门上写有“牛肉”两个大字的下等牛肉锅店，并加了注释：“牛肉（文字为红色）”（图66）。可见牛肉店似乎一直延续着这种习惯——在灯笼和拉门上书写红色的“牛肉”二字，然后直接把它当作招牌。

图65　牛肉锅店，挂着写有“牛肉”二字的灯笼。该店也直接出售牛肉，可以看到“批发牛肉”的招牌。《东京商工博览绘》（明治十八年）

牛肉锅的种类

在假名垣鲁文所著《安愚乐锅》中，有些牛肉锅被称为“牛肉锅”和“牛锅”，如“御藏前店铺的知名牛肉锅”“牛肉锅是不开化的奴才吃的”（初编“开场”）、“先吃牛肉锅，然后推杯换盏”（三编上），有些则被称为“日式牛肉火锅”和“烧锅”，如“杀牛后，取牛肉做成日式牛肉火锅，整锅上桌”（二编下），“喂，给师傅上烧锅，热乎的”（三编下）。

图66　拉门上用红色颜料写有“牛肉”二字的牛肉锅店。《江户和东京风俗野史》（昭和四年）

萩原乙彦所著《东京开化繁昌志》“牛店繁昌”（明治七年）中写道：“座位上没有餐桌与椅子，但铺设了市松的榻榻米，一尺两三寸的箱子里放入了今户烧的土火钵，铁锅里炖着柔煮菜。正面的墙壁上贴着广告，上面写着各种料理的名字，包括日式牛肉火锅、什锦火锅、煎鸡蛋、盐烤料理、生鱼片、炖菜，等等。”记录了牛肉锅店的菜单，可以看到“日式牛肉火锅”和“什锦火锅”的名字（图67）。

图67　明治初期的牛肉锅店。两层建筑，入口侧设有牛肉小卖部，从入口处可直接前往二层。《东京开化繁昌志》（明治七年）

牛肉锅有不同的叫法，服部诚一所著《东京新繁昌记》“牛肉店”中写道：“锅料理大概分为两等，加葱烹煮名为并锅，售价三钱半；用油热锅后烹煮名为烧锅，售价五钱。一位客人一个锅，连火盆一起端上桌。有人佐酒，亦有人佐饭。”可见牛肉锅分“并锅”和“烧锅”，而且它们之间还有所区别。

因此，牛肉锅分为两种：一种称为“牛肉锅”“牛锅”“并锅”“锅烧”，用汤汁煮肉而食；另一种称为“烧锅”“日式牛肉火锅”等，用热油烤煮肉而食。

《东京流行细见记》“牛肉店养助”（明治十八年）中对牛肉

锅店进行了排名，店名下方写着“日式牛锅、肉松、牛肉、葱、芥末、锅料理”等（图68）。其中“日式牛锅”指的是用里脊肉做成的“日式牛肉火锅”，“锅料理”则是指用汤煮肉吃的牛肉锅。

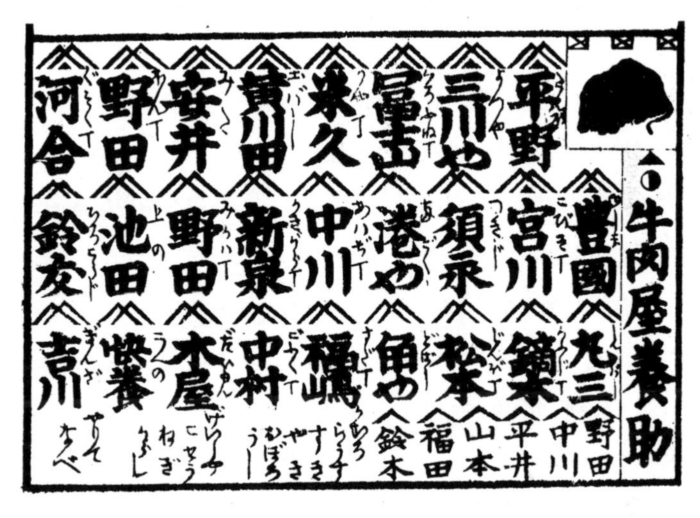

图68　牛肉锅店排行榜。可以看到“日式牛肉火锅”“锅料理”的菜单。《东京流行细见记》（明治十八年）

日式牛肉火锅的名字来自江户时代人们将农耕用的锄头代替锅来烤制兽鸟类肉和鱼肉，把它们做成烧烤，后来变成了一种食用方法，就是像这样把牛肉烤煮后食用。不久后，牛肉锅的食用方法也被称为日式牛肉火锅，“牛锅”这个名字就不大被使用了。

牛肉锅的烹制方法

明治二十六年出版的花之屋胡蝶所著《年中家常菜菜谱》中详细记载了“牛肉锅”的烹制方法，具体介绍了橄榄油制和味噌制这两种做法。

“烹煮方法因人而异，在此介绍橄榄油制和味噌制两种做法。橄榄油制即先在锅中放入少许橄榄油，接着放入肥牛肉，然后煎葱。为了防止油飞溅，建议将锅稍微放低一些，接着放入甜料酒和酱油煮肉。味噌制即在汤底中加酒、酱油、砂糖、水调和……做牛肉使用的味噌是白味噌。味噌的做法是在白味噌中加入砂糖和酒，直至清淡。”

意思是橄榄油制即在油里加入甜料酒和酱油烤煮肉，味噌制即在汤底（酒、酱油、砂糖、水调和而成）中加入混合味噌（白味噌、砂糖、酒混合而成）煮肉而食，《安愚乐锅》等书中提及的两种牛肉锅即如此。

“汤底”在明治初期被称为“汤”，后来被称为“割下”。《风俗画报》一百〇二号写道：“人们去肉店都会说‘要五分、生的和割下’，意思就是要买葱、生肉和汤底。这就像暗号似的。”

味噌制的汤底（割下）中添加的味噌是酱汁味噌，简称酱汁，《东京开化繁昌志》“牛店繁昌”中提到，牛肉锅店的店员在听到客人点单后会喊，“生肉一块，多加酱汁嘞！”还创作出“酱汁黏

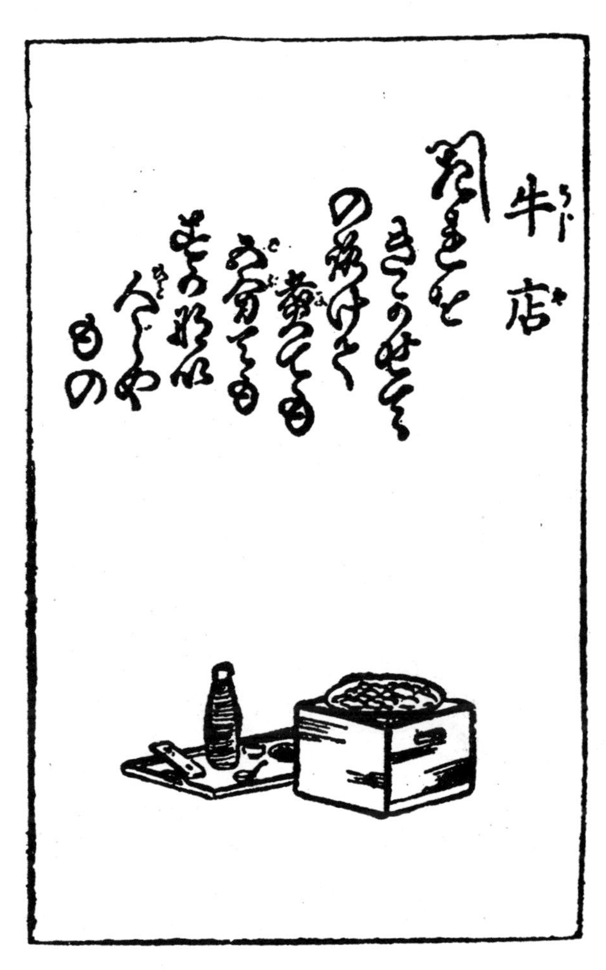

图69　以“牛肉店”为题的都都逸。《开歌报都都》（明治七年前后）

稠，葱亦使之入味”等都都逸①（图69）。

牛肉锅分为酱油味烧锅（日式牛肉火锅）和味噌味并锅（牛肉锅），人们一般吃味噌味。假名垣鲁文所著《西洋道中膝栗毛》六编“书生的醉话”（明治四年）中描写了两个书生一边往锅料理中加白开水一边推杯换盏的场景（图70），锅料理中加入了切成半寸的葱和酱汁味噌烹煮。

关于味噌制牛肉锅使用的味噌种类，《年中家常菜菜谱》中说是白味噌，不过似乎不仅限于此。明治四十年刊的《料理辞典》

图70　书生面前摆放着牛肉锅，一边推杯换盏一边辩论。《西洋道中膝栗毛》六编（明治四年）

① 一种日本俗曲，用口语由七、七、七、五格律组成，主要歌唱男女爱情。

中就“牛锅”写道：“味噌制是在味噌中加入甜料酒，稍加研磨，过滤后使用。”并不讲究味噌的种类。

牛肉锅的配菜中有葱

江户时代，兽肉锅和暹罗鸡锅都会加葱食用，且这种食用方法一直沿袭至今。正如《鲁文珍报》第七号“牧牛论”（明治十一年二月十八日）中所写，“将葱切成半寸长，先加入味噌，热铁锅，肉片切薄，放入少许山椒可去除臭味”，意思是一般将葱切成半寸长（约1.5厘米），日语中为“五分”，因此也称葱为“五分”，后来也有别称“火锅辅助材料”。森鸥外的作品中有一部短篇叫《牛锅》（明治四十三年一月），开头描写了男人吃牛肉锅的场景，其中提到将葱斜着切薄，别名“火锅辅助材料”。他写道：“锅料理煮制而成。男人用筷子将牛肉尚呈鲜红的一面翻过来，变白的地方转而朝上，手法灵敏。葱斜着切薄，别名火锅辅助材料，葱白渐渐变黄，然后沉入褐色的汤汁中。”兴许是因为切葱的方法发生了变化，所以人们也不再使用“五分”这个名字。

另外，人们会用山椒粉去除牛肉锅的臭气，《鲁文珍报》写“加入少许山椒则足以去除臭气”，前文提到的《年中家常菜菜谱》也写“香料采用山椒粉。西洋胡椒更佳”。

永井荷风在《红茶之后》“银座”（明治四十四年七月）中说：“我始终坚信，明治时代从西方进口到日本并投入生产的东西中，黄包车和牛肉锅是最成功的。”

小摊出售的炖菜

服部诚一所著《东京新繁昌记》“牛肉店”（明治七年）中关于出售炖牛肉一事记载如下：“有人支起小摊卖肉，曰烹笼，专门面向去不起肉店的穷苦人。他们一边喝着懒叟清酒一边做肉串，先用竹签将肉穿起来，再放入大锅中。开火，肉煮至翻滚。一串售价文久二孔……车夫们围着锅吃。众人聚集，有人站着吃，有人坐着吃，还有人争抢串串，也有人夺走串串。人们吵吵闹闹地吃着，三串可解一时饥饿。有很多人乞讨这种肉，也有很多人在屠宰场转来转去讨要废弃的牛肉。刚强如柿漆纸之人得到的是超过十日的肉，柔弱如豆腐之人拿到的全都是腐败的肉。酱汁中含有镰仓时代的余沥，所以放得久了就有臭气冲鼻的感觉。”

大道店（小摊）的炖肉一串售价“文久二孔”（文久钱两枚），车夫等穷人争抢着吃。文久钱的通用价值为一枚一厘五毛，因此花三厘就能吃到一串炖肉。牛肉锅店的牛肉锅即便是并锅也要三钱半。花不到牛肉锅十分之一的价钱就能吃到一串炖牛肉，不过那都是废弃的牛肉，虽然臭气冲鼻，但对体力劳动者来说却成了补充体力的珍贵来源。

松原岩五郎所著《最黑暗的东京》“车夫的食物”（明治二十六年）中写到，这种小摊炖菜用酱油和味噌调味：“炖肉——这是劳动者的滋补食品，食材是屠牛场的内脏、肝、膀胱或者舌筋等，买来后切成薄片，像酱烤豆腐串一样把这些食材串起来，

图71 “车夫的食物”中描绘的“下等社会的餐厅”。《最黑暗的东京》（明治二十六年）

然后放入酱油加味噌混合而成的汤汁中炖煮。”（图71）

果不其然，这里使用的也是内脏等食材，不过也有些小摊提供上等炖肉。田山花袋在《东京的三十年》（大正六年）中写道：“京桥西畔，烹煮碎牛肉的大锅中冒着白花花的蒸汽，香味钻进过往行人的鼻子里，这种东西如今即便是在近郊也看不到。衣衫华丽的人也不顾形象地站在那里吃。”故事发生在明治十四年前后，当时出现了用碎牛肉作为原材料的小摊。

五　牛肉盖饭的诞生

牛肉饭店的诞生

“一位客人一个锅，连火盆一起端上桌。有人佐酒，亦有人佐饭”——正如前文提到的《东京新繁昌记》中所写，牛肉锅店也提供米饭，所以把牛肉放到饭上就成了牛肉盖饭。卖炖菜的小摊也可以提供米饭，所以如果把炖牛肉放到饭上就可以做成炖牛肉盖饭。

就这样，在牛肉锅和炖牛肉普及后，牛肉盖饭诞生了。

骨皮道人所著《百人百色》“出租屋的山神”（明治二十年）中写到，长排房屋的妻子十分饥饿，她正在发牢骚：“那个家伙一定又在说大话了！把人当傻子！外出肚子饿了，想吃点爱吃的天妇罗饭或者牛肉饭什么的，可我们家没钱，别说天妇罗饭了，连一块大福饼都吃不起。”牛肉盖饭被称为牛肉饭，于明治二十年前后被出售，做法是将牛肉做成又甜又咸的酱油味或味噌味，然后放于温热的米饭上，十分美味。后来越来越多的牛肉饭店开始出售牛肉饭，明治二十四年十一月六日的《朝野新闻》报道称：“牛肉饭店越来越多，各区内从事这一行业的人数日益增加，店门口挂着灯笼，灯笼上写着一碗一钱，字体很粗。”

大约一个月前也就是十月三日，《邮政通知报》报道了荞麦涨价的新闻：“因为过去三十天的暴风雨，有些地方的荞麦受损严重，荞麦粉忽然涨价，因此市内有些店铺把招牌上‘蘸汁荞麦面、热汤荞麦面’的价格从八厘改为一钱。”一碗荞麦面的价格相当于一碗牛肉饭的价格，牛肉盖饭店随处可见，牛肉饭也非常便宜，这种状况持续了一百三十多年。

明治二十五年，牛肉饭在市面上非常流行，筱田矿造所著《幕末明治女百话》（昭和七年）中收录了幕府末期至明治时代的逸闻，这些逸闻全都来自女性。有一名女性说："提起明治二十五年前后流行的牛肉饭啊，那就相当于赤犬的肉呀，又香又好吃。一碗一钱三厘，冬分吃非常暖和，女人也都喜欢吃。"女性喜欢吃牛肉饭这一点和现在略有不同。

牛肉饭在小摊出售

牛肉饭在小摊也有出售。《风俗画报》第二百六十一号（明治三十五年十二月十日）中以"数寄屋桥附近的景况"为题，描绘了明治三十二年数寄屋桥附近广场上的摆摊场景，广场上有两家"牛肉饭"小摊（图72），也有站着吃牛肉饭的人。

明治三十九年二月十五日的《实业之日本》中，一个叫"kotefu"的人就牛肉饭写下了如下文字："牛肉饭或烤禽肉店那些写着红色字的灯笼吸引了（商家的）小伙计们，散发出诱人的香味。但原料食材毫无营养，应该说是垃圾食品……牛肉的原料是屠牛场剩下的牛肚、牛鼻尖、百叶等部位。因为是废物利用所以很便宜，购入二十钱，售价两日元，所以根本不采购其他地方的肉当食材。虽然咬不断，但它们像肝一样非常柔软。在屠牛场煮完后立刻出售（放在沥干大米的笊篱中，一碗十钱）。其他

图72　明治三十二年前后的牛肉饭小摊“数寄屋桥附近的景况”，成排的小摊中

有两家卖“牛肉饭”。《风俗画报》（明治三十五年十二月十日）

即便用长井兵助引以为傲的牙齿来咬也咬不断，更没有什么营养成分。”

这就是小摊上的牛肉饭，虽然这种牛肉的口感很糟糕，但备受平民欢迎。《世态探访》作者川村古洗讲述了自己的感想：“一年三百六十五天，太阳自西山而落，明星在夜空中闪烁。此时，夜晚的东京街市上到处都是摆摊的商贩，从关东煮烫酒店到寿司店、天妇罗店、牛肉饭店、烤串店等等。关东煮店、天妇罗店非常适合寒风肆虐的冬日夜晚，而寿司店、牛肉饭店则总令人觉得适合在夏秋之季到访品尝。”到了傍晚，牛肉饭小摊满街可见，平民可以在小摊处填饱肚子。

牛肉饭被认为是下等阶级的食物，但不久后发生的事情改变了这一印象。

关东大地震和牛肉饭

大正十二年九月一日，7.9级的大地震侵袭关东地区，这就是关东大地震。东京化作一片焦土，次日的报纸描述了地震后的惨状，标题为《强震后的巨大火灾 东京全市化为火海 日本桥、京桥、下谷、浅草、本所、深川、神田尽数湮没 死伤十几万》(《东京日日新闻》，大正十二年九月二日，图73)。

除了死伤者之外，还有很多人受灾，不过居民们顽强地振作起来，摆摊准备食物以填饱肚子。九月十七日的《东京朝日新闻》以《日比谷附近有三百家临时餐饮店》为标题报道了这

強震後の大火災
東京全市火の海に化す

9・2東日

日本橋、京橋、下谷、淺草、本所、深川、神田
殆んど全滅死傷十數万
電信、電話、電車、瓦斯、山手線全部杜絶

安政以來の大地震

正午の大強震後帝室林野管理局、警視廳、帝劇、神田、三番町、赤坂見附、砲兵工廠等から揚がつた火の手は八方にひろがり夕刻から日本橋、京橋、下谷、神田、淺草、本所、深川、の大半を包み水道の多くが斷水したので火の手は猛り狂ふのみで數十万の人々が上野、宮城前、日比谷、芝公園などの廣場に夜を撤して避難する有樣は全くこの世ながらの焦熱地獄である、近衛、第一の兩師團は全員出動して救護につとめ、その營庭は負傷者に依つて滿され全市の死傷十數万の見込みである燒失家屋の主なるものは帝劇、警視廳、内務省、有樂座、帝國ホテル、博文館、朝日、時事、中央各新聞社、鍋島候、中

图73　描述关东大地震惨状的报道。《东京日日新闻》（大正十二年九月二日）

一情况。

“无论是一无所有的人，还是被大火烧得无家可归的人，两周过后都必须开始自食其力，因此不断有人开始做生意。因为生意好坏与店铺、商品、客人都有关系，所以手脚麻利的餐饮店生意就最好。有些人失去了粮食和家，前往日比谷避难，餐饮店主要就面向这类人群以及过路行人出售煮赤豆、牛奶加水果等，巡警微笑着说：‘所谓小屋呀就是有名无实的小摊，据调查，这种摆摊招呼客人的临时摊贩有三百多个呢。’某一区的某家知名店铺再次白手起家，努力重现昔日繁荣，这种情景既令人心酸又让人觉得

可靠。从日比谷门进入日比谷公园，再直走到尽头，有家店铺挂着苇帘，连屋顶都没有，长凳的一脚露在外面，店铺贴着唐纸，上面写着‘牛肉饭十钱’，下面则写着‘松月’二字，色泽鲜艳。这家店铺的店主松月原先在京桥山城町中经营知名的情人茶屋，万般无奈下开始在这里摆摊，他非常高兴地表示：‘没有餐具，也没有和服，我就这么带着全家人逃出来了，想着如果不做点生意就只能挨饿，所以我开始摆摊，但是第四、第五天发生了奇妙的事情！我卖十钱一碗，每天能赚到四五十日元。’”

即便“一无所有”也可以摆摊卖牛肉饭，原先开情人茶屋（供客人召妓游玩的茶屋）的松月改卖牛肉饭，一碗售价十钱，一天能卖出四五百碗，赚四五十日元，松月这种上流阶级光顾的茶屋改售牛肉饭一事在大阪引起了极大反响。《大阪每日新闻》报道称：“情人茶屋‘松月’变成了牛肉饭店。虽然摊位很小，只露出椅子的一脚，但一天营业额有五十日元。”（九月十七日）

六　牛肉盖饭的普及

第一次牛肉盖饭热潮

地震后，除了日比谷附近，其他地方也出现了铁皮木板屋面店和小摊，其中很多是牛肉盖饭店，震后大约三个月，十二月十日的《读卖新闻》以《顶级美食“牛肉盖饭”》为标题报道了牛肉盖饭店的兴隆（图74）。

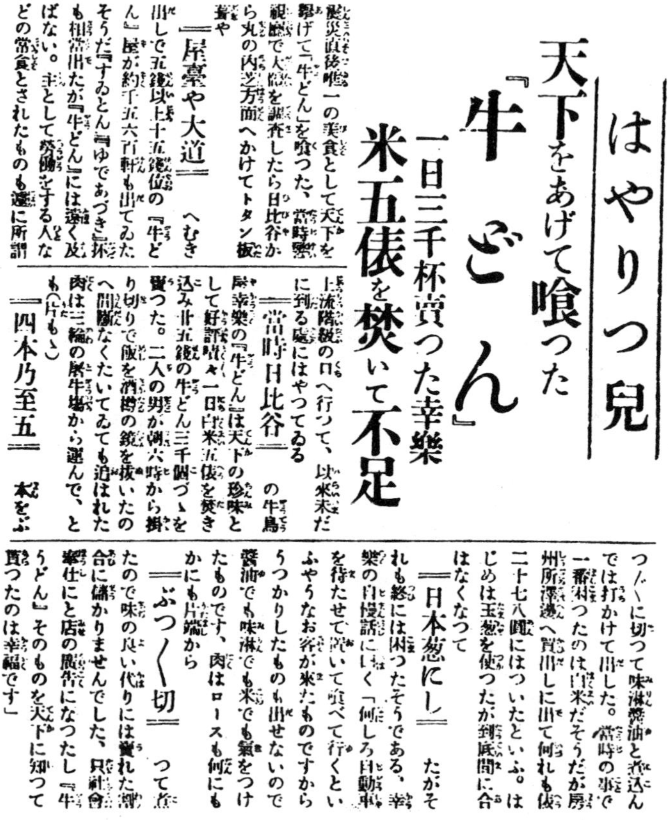

はやりつ兒

天下をあげて喰つた「牛どん」

一日三千杯賣つた幸樂 米五俵を焚いて不足

震災直後唯一の美食として天下を擧げて「牛どん」を喰つた、當時警視廳で大體を調査したら日比谷から丸の内芝方面へかけてトタン板蓋や

＝屋臺や大道＝へむき出しで五錢以上十五錢位の『牛どん』屋が約千五六百軒も出てゐたそうだ『すゐとん』『ゆであづき』杯も相當出たが『牛どん』には遠く及ばない。主として勞働をする人などの常食とされたものも遂に所謂上流階級の口へ行つて、以來未だに到る處にはやつてゐる

＝當時日比谷＝の牛鳥屋幸樂の『牛どん』は天下の珍味として好評嘖々一日白米五俵を焚き込み廿五錢の牛どん三千個づゝを賣つた。二人の男が朝六時から掛り切りで飯を酒樽の鏡を拔いたのへ間斷なくたいてゐても追はれたと。肉は三輪の屠牛場から運んで、とも(片もゝ)

＝四本乃至五＝本をぶつ／＼に切つて味淋醬油と煮込んでは打かけて出した。當時の事で一番困つたのは白米だそうだが房州所澤邊へ買出しに出て何れも僅二十七八俵にはついたといふ。はじめは玉葱を使つたが到底間に合はなくなつて

＝日本葱にし＝たがそれも終には困つたそうである、幸樂の自慢話によく「何しろ自動車を待たせて置いて喰べて行くといふやうなお客が來たものですからうつかりしたものも出せないので醬油でも味淋でも米でも氣をつけたものです、肉はロースも何にかにも片端から

＝ぶつ／＼切＝つて煮たので味の良い代りには賣れた割合に儲かりませんでした、只社會奉仕にと店の廣告になつたし『牛うどん』そのものを天下に知つて貰つたのは幸福です」

图74　报纸报道了牛肉盖饭店的兴隆。《读卖新闻》（大正十二年十二月十日）

“‘牛肉饭’成为地震后唯一的顶级美食。当时警视厅调查了大概情况。结果显示，从日比谷到丸之内·芝有一千五六百家出售牛肉饭的铁皮木板屋面店和小摊，售价在五钱到十五钱之间。‘煮赤豆’等也很多，但远不及‘牛肉饭’。起初，牛肉饭主要是

体力劳动者等人常吃的食物，后来前所未有地进入了所谓上流阶级的餐桌。当时（地震后），日比谷‘幸乐’的牛肉饭作为极致美味备受好评，店家一天要煮五袋白米，卖出三千份单价二十五钱的牛肉饭。从早上六点开始，两个男人就要不停地打开酒桶盖把米饭放进去，这才勉强来得及。肉来自三轮屠牛场，切成四五根后加甜料酒、酱油一同炖煮。当时最麻烦的似乎是白米，得去房州所泽附近采购，据说一袋要卖二十七八日元。配料一开始用的是洋葱，但总是不够，就换成日本葱，可听说日本葱后来也不够了。幸乐骄傲地表示：‘因为有些客人特地停下车来吃，所以我们的食物不能敷衍，不管是酱油、甜料酒，还是大米都很讲究。肉呢，无论是里脊肉还是其他部位，都是从一端开始切然后煮制，所以为了保证味道，能卖掉多少我们就储存多少。我们店的广告是要为社会奉献，对我来说，让全天下的人了解并吃到‘牛肉饭’就是幸福。’”

从丸之内到芝的直线距离充其量不过五千米，可这么狭小的范围内就有一千五六百家牛肉盖饭店，主要受众群是劳动阶级，甚至连上流阶级的人也会吃。一碗二十五钱的牛肉盖饭，“幸乐”能卖出三千多碗，销量是《东京朝日新闻》报道的“松月”的六倍，忙得不可开交。

关东大地震掀起了牛肉盖饭的热潮。

牛肉盖饭名字的出现

《家庭日本料理法》（大正六年）登载了牛肉盖饭的制作方法——“牛肉盖饭 美味牛肉盖饭的手工制法”。从中可知，这一时期已经出现了“牛肉盖饭”这个名字。地震后，牛肉盖饭普及，《读卖新闻》报道称之为“顶级美食‘牛肉饭’”。

不过当时还是“牛肉饭”这个名字更有优势，《新帝都招牌考》（大正十二年十二月）描绘了地震后不久的“六百余块临时招牌”，其中牛肉饭的招牌有三十二块，而牛肉盖饭的招牌仅有七块。饭田町附近有三家店，从他们的招牌可知，一家卖的是“牛肉盖饭”，其他两家卖的是“牛肉饭”（大正十二年十月十日的素描，图75）。这个时代，各家店铺按照自己的喜好用“牛肉盖饭”或者“牛肉饭”，但挂着“牛肉饭”招牌营业的店铺似乎更多。

之后，“牛肉盖饭”这个名字渐渐流行，不过如今依然有大型牛肉盖饭连锁店采用“牛肉饭”这个名称。

牛肉盖饭的食材调配便利

牛肉盖饭店的迅速营业和顺利调配食材有很大关系。

关于主材料牛肉，前文《读卖新闻》报道提及，“肉来自三轮屠牛场，切成四五根后加甜料酒、酱油一同炖煮”。可见幸乐从三轮屠场采购牛肉，这证明东京的屠宰场在地震后不久便恢复营业了。

九月十日的《东京日日新闻》以《人们能吃到肉 屠宰场渐

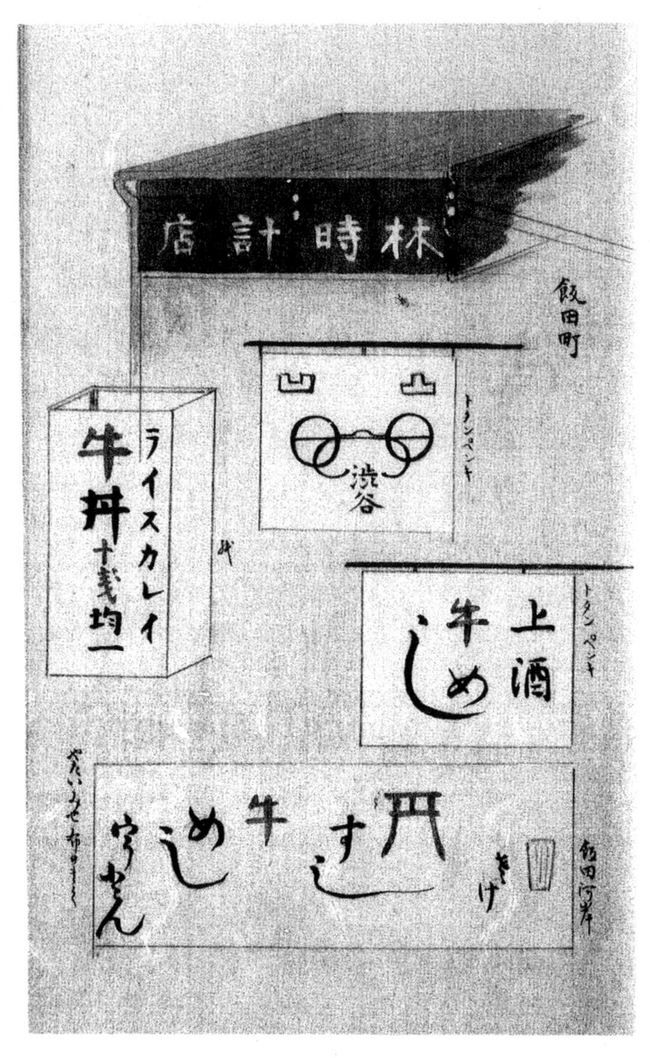

图75　牛肉盖饭和牛肉饭的招牌。大正十二年十月十日的素描。《新帝都招牌考》（大正十二年十二月）

渐恢复正常》为标题报道称："各屠宰场因地震暂停作业，但不久后兽肉的供给逐渐恢复正常。寺岛屠场、大崎屠场、玉川·野方·谷之各屠场以及三轮屠场分别于四日、五日、六日、七日复工。"由此可见，各家屠宰场从地震三天后即九月四日起依次开始恢复作业。而且，九月九日的内阁会议上，政府决定免除生牛肉和鸡蛋的进口税。这样一来，牛肉的供给源就有所保证。

幸乐用甜料酒和酱油烹煮牛肉和洋葱做成牛肉盖饭，可见这一时期的配菜是洋葱。

当时，青菜市场恢复营业的时间较晚。据九月十四日的《读卖新闻》报道："罕见的大地震造成了毁灭性的悲剧。神田、京桥、滨町的三大青菜市场遭遇危机后，竞相设置临时场所，工作人员就今后的方针、开市时间等展开讨论，但目前尚无定论。"

报道还称，青菜市场中仅京桥市场于十五日开市，神田的市场虽然恢复营业的时间较晚，但也在不久后开市。据九月十八日的《东京日日新闻》报道："神田区也从十八日开始恢复营业，多町的青菜市场率先支起帐篷，须田町、小川町中心地区眼下也正在商讨。"

幸乐无法确保洋葱的货源，只得用葱代替，一度非常艰难，不过因为青菜市场逐渐恢复营业，不久后，洋葱的供应也恢复正常。

正如滑蛋鸡肉盖饭那一章所说（第136页），洋葱在明治初年以一种西式蔬菜的身份传到了日本，之后迅速扩大生产，到了明治三十年，它已经成为日本人熟知的食材。《料理辞典》（明治四十年）中写道：“洋葱有肥大的鳞茎，用途几乎和葱相同，可食用……十分美味，因此近来需求大大增加。”洋葱和葱用途相同，牛肉锅更适合放葱，而牛肉盖饭更适合放洋葱。

人们延续了江户时代兽肉锅和鸡肉锅的食用方式，烹制牛肉锅时放的是葱，牛肉盖饭则更适合搭配来自西方的洋葱。

幸乐对于调配大米一事感到十分苦恼，甚至前往房州（千叶县）采购，但这样的情况应该并未持续很久。九月九日，政府将贮藏在大阪的三万六千袋政府米运往灾区，计划十日再运送八万三千五百袋，十二日运送三万三千袋。另外，九月九日召开的内阁会议决定大米也和牛肉一样免征粮食进口税。之后，全国各地都将大米运到了灾区，九月二十四日的《东京日日新闻》以《东京爆发大米洪水》为标题报道称：“关东大地震后，全国各地向灾区运送了很多大米等粮食。其中，政府贮藏于农商务省阪神仓库的五十万石大米经海路被运往芝浦，各地购买以及各地捐赠的大米也堆积如山，暂时被切断粮食来源的全体灾民得以从危机中解脱。之后也有很多大米被邮寄到灾区，据说到现在为止共汇集了约百万石，而且神田川正米市场几天前又送来了一两千袋，还有其他地方持续不断地向灾区运送大米，因此东京现在就像暴发了大米洪水一样。”

牛肉盖饭要用到的大米已无后顾之忧。

制作牛肉盖饭的必备食材很快得到了保障，掀起了牛肉盖饭热潮。

牛肉盖饭的魅力和第二次牛肉盖饭热潮

即使日本遭遇了大地震，牛肉盖饭的食材也不难获得，只要将牛肉和洋葱（实在不行就替换为葱）加甜料酒和酱油煮制，然后放于米饭之上即可，东京市民得以饱腹。牛肉盖饭的售价比较便宜，如前文《读卖新闻》（大正十二年十二月十日）所写，售价五钱至十五钱的牛肉盖饭店大约开了一千五六百家。《新帝都招牌考》中描绘的牛肉饭、牛肉盖饭大多售价十钱。除了牛肉饭和牛肉盖饭外，还描绘了各种餐厅的招牌，如蘸汁荞麦面和热汤荞麦面售价五钱到十钱，寿司售价五钱，天妇罗盖饭大多售价二十钱至三十钱，鳗鱼盖饭售价三十钱（图76）。

牛肉盖饭既便宜又大碗，且随处可见，成了“地震后唯一的顶级美食”。对灾民来说，牛肉盖饭宛若救世主。

关东大地震后，上流阶级的居民也开始吃牛肉盖饭，受众范围扩大，正如《读卖新闻》报道：“牛肉盖饭原本的受众群体主要是体力劳动者等人，后来前所未有地上了所谓上流阶级的餐桌。”

日本人原来几乎不吃牛肉，但幕府末期的开国政策使牛肉料理普及，人们开始吃牛肉锅——牛肉锅相当于江户时代兽肉锅和暹罗鸡锅的延续。后来，牛肉锅又发展成牛肉盖饭，关东大地震后，牛肉盖饭便在东京市民中广泛普及。

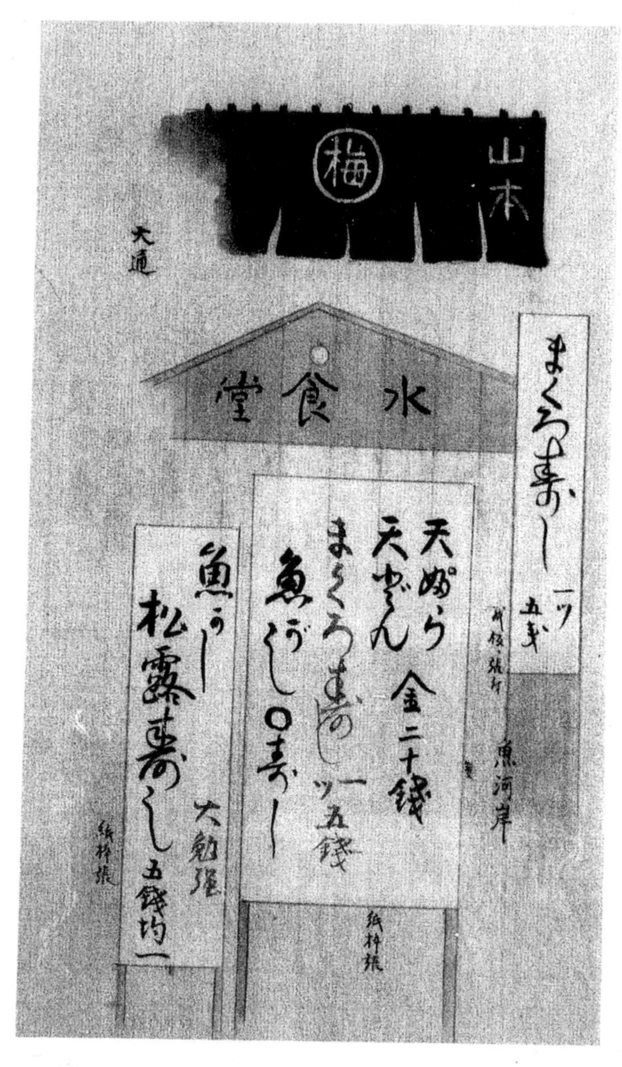

图76　店铺招牌，上面写着出售“天妇罗 天妇罗盖饭 金二十钱 金枪鱼寿司 一个五钱”。《新帝都招牌考》（大正十二年十二月）

时代变迁，昭和三十四年，吉野家创办“筑地一号店”，松屋、食其家等也纷纷加入，开启加盟连锁店时代，掀起第二次牛肉盖饭热潮。

如今，牛肉盖饭已成为日本人的国民食物。

第五章

炸猪排盖饭的诞生

一　不吃猪肉的日本人

禁止养猪令

猪肉是炸猪排盖饭的原材料之一，不过人们食用猪肉的时间其实比食用牛肉要短。据说弥生时代已有人养猪，因为弥生时代的遗迹中出土了猪骨，从文献中也可知养猪一事起源甚早。《播磨国风土记》“贺毛郡”（和铜八年）中解释了“猪养野”（兵库县小野市）这个名称的由来：“猪养野：天皇于难波高津宫治世时，肥后国朝户君从天照大神乘的船上带来了猪，并获赐此地用来饲养，因而别称猪养野。”这句话的意思是一个名叫“朝户君”的人物从天照大神那里获赐土地，并在这片土地上养猪，因此这片土地被命名为“猪养野”。《万叶集》卷第二（八世纪后半期）中有句话叫“雪落纷纷，吉隐养猪之丘遍地寒”。“吉隐”（奈良县樱井市东部）因为有“养猪之地”而为人熟知。

除此之外，还有一些部民养猪献给朝廷，《日本书纪》“雄略纪”（养老四年）中提到一个名称叫“猪使部”，《古事记》“安康记”（和铜五年）中，这类人自称“我为山代之猪甘”。

古代文献记载“山野之猪作猪，饲养之猪亦作猪”，因此，我们应该可以将文献中的“猪”视为家猪。

虽然养猪一事看似在日本固定了下来，但其实并不顺利，而且越发艰难。养老五年七月二十五日，元正天皇下诏禁止养猪，诏令写，“令各国就地放生鸡猪，应使其回归天性”。而后，似乎因为该举措并未贯彻，圣武天皇又于天平四年七月六日下令买猪放生，“宣，购畿内百姓私养猪四十头，放生于山野，使其回归天性”。这一行为将佛教的慈悲教诲付诸实践，养猪以食用之事尚未固定就已销声匿迹于奈良时代。

养猪业重生

室町时代出现了家猪的名称。《文明本节用集》（室町中期）中的“家猪”一词是较早的例子，代表在家里饲养的猪，但实际上是否饲养不得而知（图77）。还有《日葡辞典》（庆长八年），这部辞典由家猪会宣教师编纂，在长崎发刊，辞典中也出现了“家猪”一词——“Buta。家猪。在家中饲养的猪。”因为长崎有很多乘船来日本的南蛮人，所以大概是养猪给他们吃的吧。

图77 “家猪”的文字（左下）。左、右侧均带有注音假名，右侧是“ブタ”，左侧是“イエ　イノコ”。《文明本节用集》（室町中期）

到了江户时代，养猪一事已十分明确。《本朝食鉴》（元禄十年）中写道："猪，训读为BUTA……随处可养。大多用以处理沟渠中的秽物。猪喜食沟渠、厨房之秽物，因此日渐肥胖，无须再喂食其他食物，饲养十分容易。或杀猪喂食猛犬。猛犬善于捕猎，公家常常养之。"从中可知，养猪人随处都有，但养猪的目的并不是食用，大多是为了清除沟渠和厨房里的垃圾。也有人杀猪作为猎犬的饲料。

此外还有外科医生养猪用于解剖，曰：

- "外科医生的猪养之即为杀之"（柳一 明和二年）；
- "尤有觉悟的外科医生的猪"（柳九六 文政十年）。

不只长崎，其他地方亦如此。《日汉三才图绘》（正德二年）中除了刊登猪的图画外，还写道："家猪……从各方面来看，家猪相对比较容易饲养，在长崎和江户十分常见。不过我国不喜肉食，亦无人视其为宠物，因而近年饲养者十分稀少。此外，家猪和野猪都带有微毒，对人体无益。"（图78）。意思是日本人因为不喜食肉，所以近年很少有人养猪，不过虽然家猪带有轻微毒性，对人体无一利处，但在江户仍有很多人饲养。《本草纲目启蒙》（享和三年一文化三年）记载，"东都养殖多。京都少"。

开始食用猪肉

安永年间，江户出现了将兽肉当药膳的兽肉店。安永七年的青楼文学《一事千金》中有"秋膳鹿肉、野猪肉汤"等表述，由

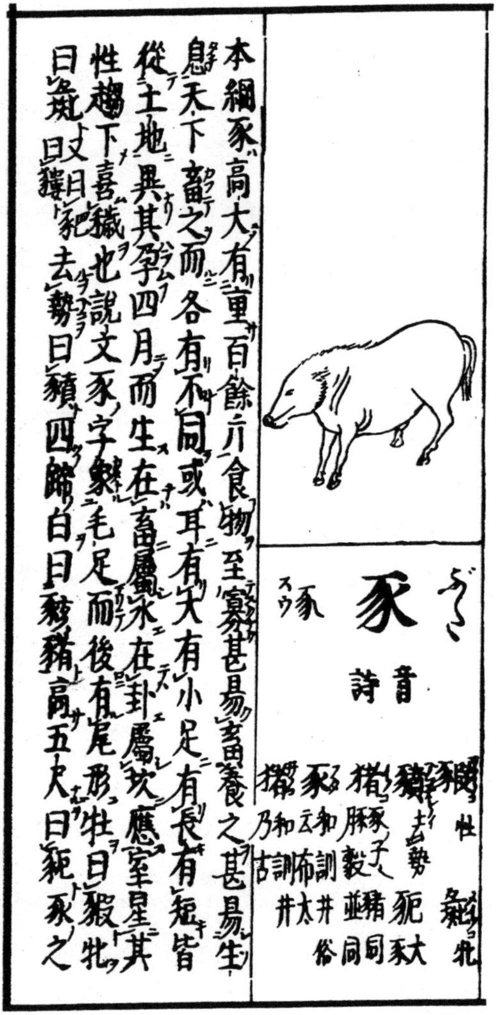

豕 ぶた

豕 スウ

音詩

本綱豕高大有重百餘斤食物至寡甚易畜養之甚易生息天下畜之而各有不同或耳有大有小足有長有短皆從土地異其孕四月而生在畜屬水在卦屬坎應室星其性趨下喜穢也說文豕字象毛足而後有尾形牡曰豭牝曰彘又曰豝去勢曰豶四蹄白曰豥豬高五尺曰䝈豕之子曰豬曰豯

图78　家猪图。写着“豚 训读i，俗称buta”。《日汉三才图绘》（正德二年）

此可见人们不再厌恶兽肉，甚至还出现了把兽肉作为汤品的店铺。《书杂春锦手》（天明八年）一书中描绘了某兽肉店，其拉门上写有“鹿肉、野猪肉 汤品 售价十六文”等字（图79）。

后来人们也开始食用家猪肉，佐藤信渊所著《经济要录》（文政十年）中写道：“近来养猪者颇多。精进畜养之法以促繁殖。以干净食物喂养者，其味极佳，非其他兽肉可比拟。食此物可令身体温暖强壮，老人滋补必备。”意思是家猪肉非常美味，比其他兽肉都好吃，有利于身体强壮，对老人而言也是必需品。

《经济要录》写于文政年间，实际上那时已经有人食用猪肉了。牛肉盖饭那一章介绍过一位汉学家松崎慊堂（明和八年—天保十五年，第151页），其日记《慊堂日历》中记载着他曾数次食用猪肉。

- 文政七年四月二十九日“与井斋共进猪肉汤”。（井斋即十束井斋，兰方医）
- 文政八年十一月二十四日“前往坚田世子处。夜晚食猪肉汤三碗。大吐”。（坚田世子为坚田藩的继承人）
- 文政十年十一月二十七日“黄昏时分，雨转雪。诸生送来猪肉。饭后即卧”。
- 文政十一年正月十八日“渡边华山获赠孙杕所绘《朱竹图》等画三幅，剑菱酒一斗。共饮……傍晚，烹猪肉饮酒”。（渡边华山为兰学家、画家）
- 同年二月八日“掖斋来访，展示度量衡。颇为详细。对读

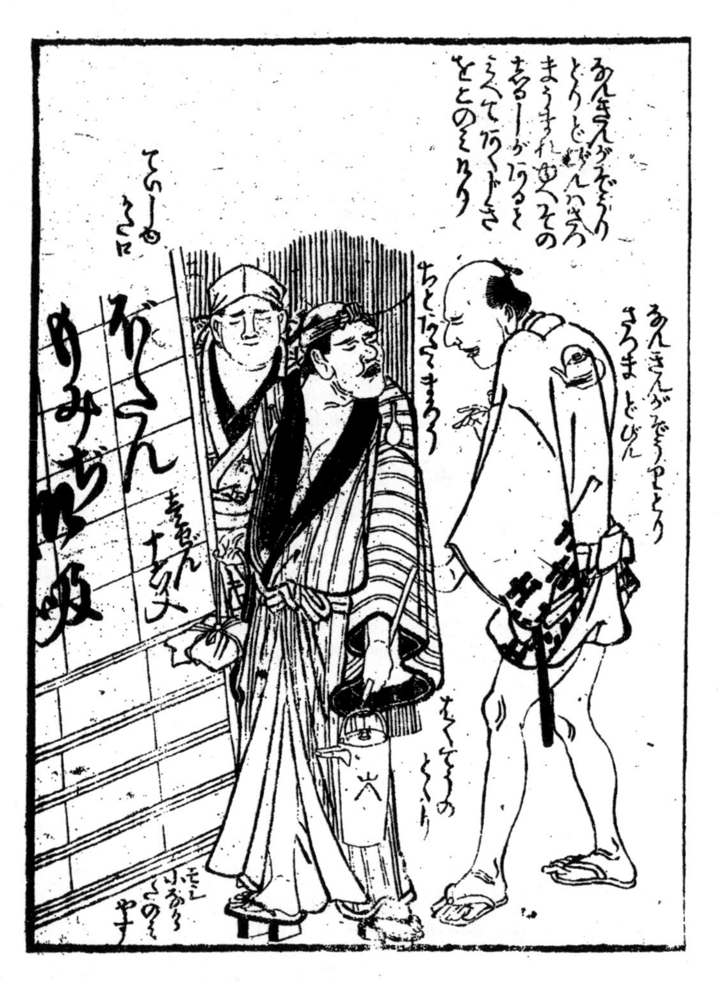

图79　兽肉店。一男子向店外走，右手提着兽肉包裹。右侧的中间男子正要走进店里，说着“吃了一定很暖和吧”。《书杂春锦手》(天明八年)

结束后煮猪肉饮酒”。（掖斋即狩谷掖斋，国学家、考证学家）

• 文政十三年正月二十一日“林长公赠猪肉一盘及盐渍鱼（别名酒贼，不知究竟为何物）”。（林长公即林柽宇，儒学家。酒贼应为咸鲣鱼肠，即盐渍鲣鱼内脏）

• 同年十二月二十四日“黄昏时分，梧南林少公赠猪肉、酒、葱，作秋怀韩韵十一首”。（梧南林少公即林复斋，林柽宇之弟，儒学家）

上述记载显示，松崎慊堂曾与兰方医一同品尝猪肉酱汤，也曾与兰学家和国学家在推杯换盏的同时享用猪肉料理，还曾从弟子和儒学家那里获赠猪肉、在大名府邸品尝猪肉酱汤。由此可见，汉学家、兰学家与儒学家均有进食猪肉的记录。

食用猪肉的季节大多在寒季，即十一月到次年二月。佐藤信渊颔首道：“最能令身体温暖强壮。”

外食的猪肉锅

后来，人们逐渐开始在餐馆里吃猪肉。《守贞谩稿》卷之五记载，“嘉永年间以前，猪肉不得公开售卖。而自嘉永年间起，猪肉可公开出售，人们将灯笼当作招牌，用墨水在上面写字，名为琉球锅”。可见在临近幕府末期的嘉永年间，人们开始用墨水在灯笼上写“琉球锅”出售猪肉锅。

实际上，也有人在外就餐吃时食用猪肉。纪州藩的轮值武士酒井伴四郎在江户旅居时写下日记《江户出发日记账》，万延元年八月十八日，他记录“吾食猪肉锅配酒一合”，同年十月二十五日又写下“参拜天神前食猪肉锅配酒二合”。

幕府末期有店铺出售猪肉锅，如《月刊食道乐》（明治三十九年八月号）所写，“流行的肉食从鸡肉锅变成猪肉锅，然后又变成了牛肉锅”，猪肉锅被牛肉锅盖过风头，消失在了大众视野。后来，炸猪排又超越了猪肉锅，炸猪排普及不久后即诞生了炸猪排盖饭。

二　炸肉排的普及

炸肉排名字的出现

炸肉排这个名字来自英文“cutlet”，主要指炸肉片，在英国也指一种料理，做法是将小牛和小羊的肉切块后抹上盐、胡椒，接着依次裹上小麦粉、蛋黄、面包粉作面衣，加黄油烤至两面呈黄褐色。

福泽谕吉于万延元年在旧金山港获得中国清朝人所著《华英通语》（中英辞典）一书，并于同年将其翻译成日语出版，名为《增订华英通语》，这部辞典的“炮制类”（料理方法）中写着“Cutlet 吉列”（图80）。“Cutlet”带有日语读音标注，虽然和现有说法略有不同，但指的其实是同样的东西，这是向日本人介绍炸猪排的最早书面记录。不过“吉列”一词并无释义，仅有原文。正如福泽谕吉在该书的凡例中所说“名称不详或存在类似物品但

炮製類

English	漢字	訓	音譯
Roast.	燒	ヤク	咯時特
Bake.	局	ムシヤキ	嗄
Boil.	烚	ニル	𡁻咯俛
Fry.	煎○罩	アブル	父咯
Stew.	會	ムシヤキ	時凋
Mince.	免治	キリワケル	晚時
Mash.	吃食	キリコマザク	虾吐
Cutlet.	吉列		吉列
Curry.	加冗		加咯
Rolled beef.	捲筒牛月	マキウシ	咯列 味乎
Roasted goose.	燒鵞	ガノヤキトリ	咯時跌 嚼時
Stewed pigeon.	會白鴿	ハトノムシヤキ	時凋噎 嗞嗟
Boiled ham.	烚火腿		𡁻咯列 嗟
Mashed beef.	吃食牛月	ウシノキリミ	虾舌 味乎
Fried fish.	焊魚	ヤキザカナ	父咯噎 啡吐

图80　写有“Cutlet”的辞典。出现于“炮制类”（料理方法）一节。《增订华英通语》（万延元年）

不知是否存在从属关系之物均未翻译成日语”，“吉列”一词未做释义是因为其料理方法无从得知。

这意味着日本本不存在等同于炸肉片的料理方法，但进入明治时代后，这种料理方法摇身一变成为“油煮”。敬学堂主人所著《西洋料理指南》（明治五年）中介绍了一种方法，将牛肉、羊肉、猪肉依次抹上小麦粉、蛋黄、面包粉作面衣，然后放入油中炸，具体如下：“油煮小牛肉，即将牛肉如图切开，去骨后敲打，接着裹面衣，第一层是小麦粉，第二层是鸡蛋黄，第三层是焙麦饼粉，然后浸入溶解的热油中煮制；羊肉和猪肉烹煮方法同前。”（图81）

虽然此处把炸肉片表述成“油煮”，但不久后就变成了“炸肉排”。炸肉排这个说法似乎起源于西餐店。《东京流行细见记》“茶部屋多边郎”（明治十八年）对精养轩等西餐店进行排名，店名下方的菜单包括“汤、煎鸡蛋卷、炖菜、炸肉排、牛排、咖喱饭、沙拉、其他，等等”，其中可见“炸肉排”（图82）。

坪内逍遥所著《未来之梦》（明治十九年）中描绘了这样一个场景：一名青年到西餐店点菜，他只顾着听别人说话而丝毫未动“炸肉排”，后来这道菜被撤下桌，他因而十分后悔。书中写道：“我们都用刀和叉子吃。可惜啊，只有那盘炸肉排，我还一口都没吃呢就被撤了！”可见炸肉排是用刀叉吃的。

之后，炸肉排的名字就被固定了下来，《日用舶来语便览》（明治四十五年）中写道：“炸肉排，西餐的一种。Cut-let（英）

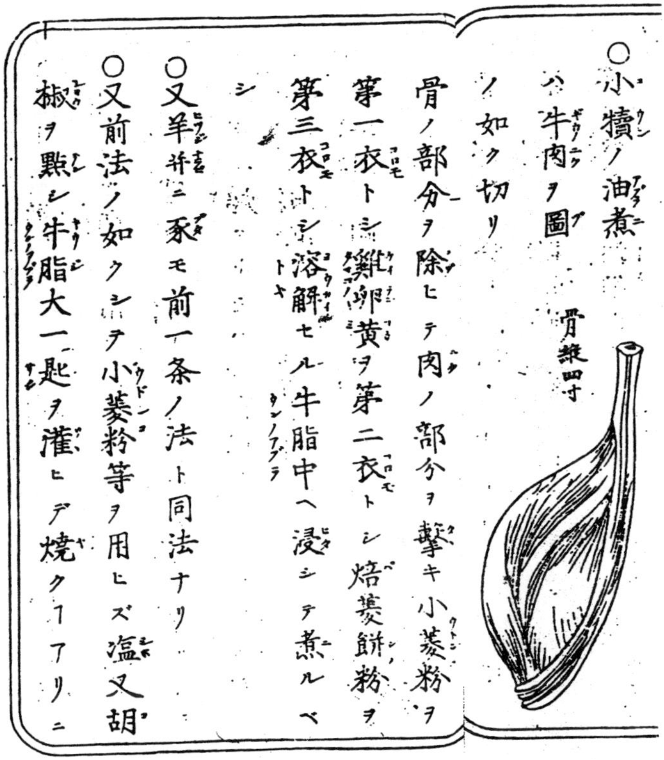

○小犢ノ油煮
ハ牛肉ヲ圖
ノ如ク切リ
骨ノ部分ヲ除ヒテ肉ノ部分ヲ撃キ小麦粉ヲ
第一衣トシ雞卵黄ヲ第二衣トシ焙麦餅粉ヲ
第三衣トシ溶解セル牛脂中ヘ浸シテ煮ルベ
シ
○又羊并ニ豕モ前ノ条ノ法ト同法ナリ
○又前法ノ如クシテ小麦粉等ヲ用ヒズ塩又胡
椒ヲ點シ牛脂大一匙ヲ灌ヒデ焼クヿアリニ

骨長四寸

图81　记载着“油煮小牛肉”的料理书。《西洋料理指南》（明治五年）

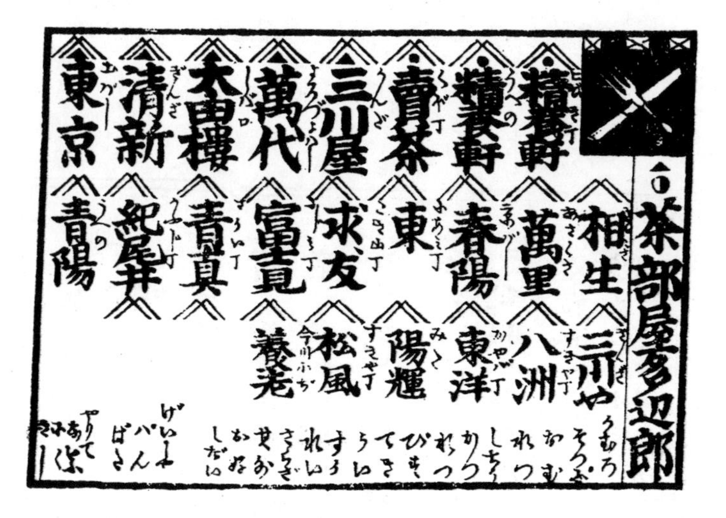

图82　西餐店排行榜。店名下方可以看到“炸肉排”（かつれつ）。《东京流行细见记》（明治十八年）

意为肉片，西餐中还有炸牛排、炸猪排等。字面意思是牛肉片及猪肉片。”

薄肉片做成的炸肉排

日本也效仿英国，把肉切成薄片后炸制。《西餐料理法独指南》（明治十九年）中记录了一种料理方法，“煎牛排：将牛肉切薄片，然后做成上述肉排”。所谓“做成上述肉排”就是把肉片抹上小麦粉、鸡蛋液、面包粉然后放进油里炸。猪肉也如此，《简便西洋料理法指南》（明治二十一年）中记载了炸牛肉排和炸猪肉排的做法：

• “炸牛排：选用牛里脊等部位，将一斤牛肉（500克）切成四部分，去筋（留着脂肪）然后放入空瓶中敲打成适合入口的肉片大小，两面抹上盐、胡椒，调味后加小麦粉、鸡蛋黄、面包粉作面衣，然后在锅中倒入炼油——油量参考肉本身的含油量，待沸腾后放入肉，两面炸制后取出，注意不要炸焦，呈流油状即可食用。”

• “炸猪排：将一斤猪里脊切成四或五部分，去除脂肪，像炸牛排一样敲打，放入炼油中炸制。炸羊排方法相同。”

猪肉切成120克至150克大小，敲打后使用。虽然已经在《西洋料理指南》（明治五年）中“猪”的“油煮”处介绍过，但此处作为“炸猪排”介绍了它的烹制方法。因为肉本身就隐藏着油，所以用于炸制的油量较少。

炸肉排要用到猪肉，不过要切成片，《珍味随意素人料理》（明治三十六年）一书中记载，“炸制猪肉。肉既可煎制也可做成油煎薄片肉。不论哪种都要切薄才便于加热”。

不久后，明治末期，人们开始油炸厚切猪排，日本独特的炸猪排（とんかつ）就此诞生。

变厚的炸肉排

明治四十二年出版的《四季每日三食料理法》中提到了一种炸制方法，将猪里脊百匁（375克）切成四片扁平状肉片，厚度为两分（约6厘米），然后裹上面衣，在平底锅中倒入牛脂或猪油，待油热后将裹着面衣的猪肉滑入锅中。关于炸油的量，书中写道："炸肉的油量：无论肉是三百目还是一百目，牛脂或猪油的用量都为两百目左右（780克）。"

不过采用这种做法时，猪肉不需要敲打，切成6厘米左右的厚度即可，然后用大量的油炸制，这是和英式不同的日本特色油炸法。

大正元年出版的《日西家常菜料理》一书中"炸猪排"一节写道："首先，像切鱼一样将猪肉切成段，抹上盐和胡椒，再放入小麦粉中滚，接着浸入蛋黄液中，然后裹上面包粉，做成面衣。接着用手压实面包粉，然后用猪油或芝麻油炸制，就像平时炸天妇罗一样。炸完后捞出放置于西洋纸上即可。"自江户时代起，人们就用这种芝麻油炸天妇罗。

融合了源自江户时代的天妇罗炸制技术后，炸肉排炸得更厚也更有嚼劲。作为小说家、剧作家而声名显赫的菊池宽于1912年从四国的高松前往东京，他回忆了自己在第一高级中学的宿舍生活，同时表达了对厚切炸肉排的怀念："那会儿可真是快乐，虽然也不过是各处品尝关东煮和西餐而已。可是呀，志趣相投的同伴花一点钱到处吃，也是着实开心。那时候，一白舍的炸肉排对我们来说是最好吃的。厚切的炸肉排售价十二钱，极其美味。"

炸肉排配伍斯特沙司

炸肉排的调味料由酱油、盐、肉汤调料、番茄沙司、加盐的柠檬汁等制成，明治末年使用伍斯特沙司。前文提及的《四季每日三食料理法》（明治四十二年）一书中就推荐加上进口的伍斯特沙司：“炸肉要加一种叫伍斯特沙司的西式酱汁，如果没有伍斯特沙司，也可以在日本酱油里加少许辣椒粉，待煮沸后加入日本醋，代替使用。”大正三年出版的《家庭料理讲义录》“牛肉・炸肉排”中也有写“添加伍斯特沙司后端上桌”。

由此可知，从明治末期到大正时代，人们吃炸肉排都会配上伍斯特沙司，因其诞生于英国西南部的伍斯特郡（现伍斯特郡和赫里福德郡合并成了赫里福德和伍斯特郡）而得此名。最先出售伍斯特沙司的是李（lEA）和派林（PERRINS）两人，1837年出售（*The Secret Sauce: A history of Lea & Perrins*，1997，图83。

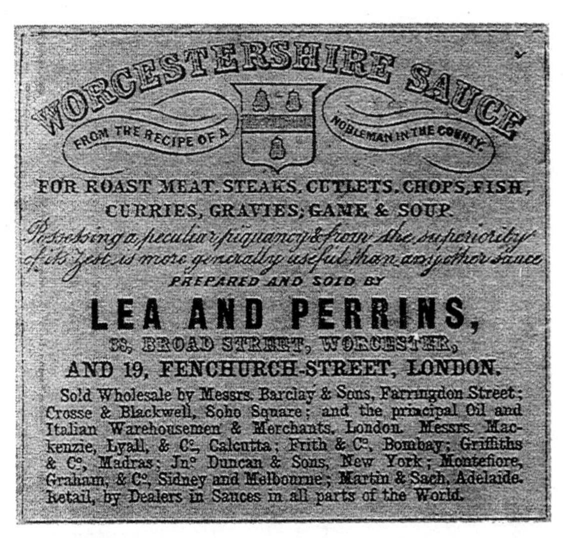

图83　19世纪50年代初期的李派林（LEA & PERRINS）标签。《*The Secret Sauce: A history of Lea & Perrins*》（1997

另外，“李派林伍斯特沙司”如今也有进口）。之后，其他公司也开始生产伍斯特沙司，英国产品出口至日本。

虽然具体的进口时间并不明确，但应该是明治初期。明治五年的《西洋料理指南》一书中提到了餐桌调味料组合套装里的“坛子”，并解释了其中标有“ha”的坛子：“酱油。日本并无该种类，优于国产酱油。日本用的是外来品”。（图84）这里的坛子应该就是伍斯特沙司。

据《丸善百年史》上卷（昭和五十五年）中记载，丸善的批发部门丸善外来品店的“日西品市价表”（明治二十年一二十一年）就包括进口的“伍斯特沙司”。明治二十九年的《西洋料理法》中写道：“物价根据当时的银市价而变化，有高有低，但八九不离十。”当中记载了进口品类的价格，除了黄油、咖喱粉之外还写着“小瓶一瓶三十钱（伍斯特沙司）”。明治二十年，伍斯特沙司作为进口商品上市。

此外，日本开始生产国产沙司。Yamasa酱油公司最先投入生产，明治十八年命名“Mikado沙司”。当时，沙司这个名称很难吸引大众，于是商家把名字改为“新味酱油”，但是只持续了短短一年。

Mikado沙司停产后大约十年，国产沙司陆续登场——明治二十七年三矢沙司，二十九年锚印沙司（现Ikari沙司），三十年矢车沙司，三十一年白玉沙司，三十三年日出沙司，三十八年牛头犬沙司，三十九年MT大町沙司，四十一年Kagome沙

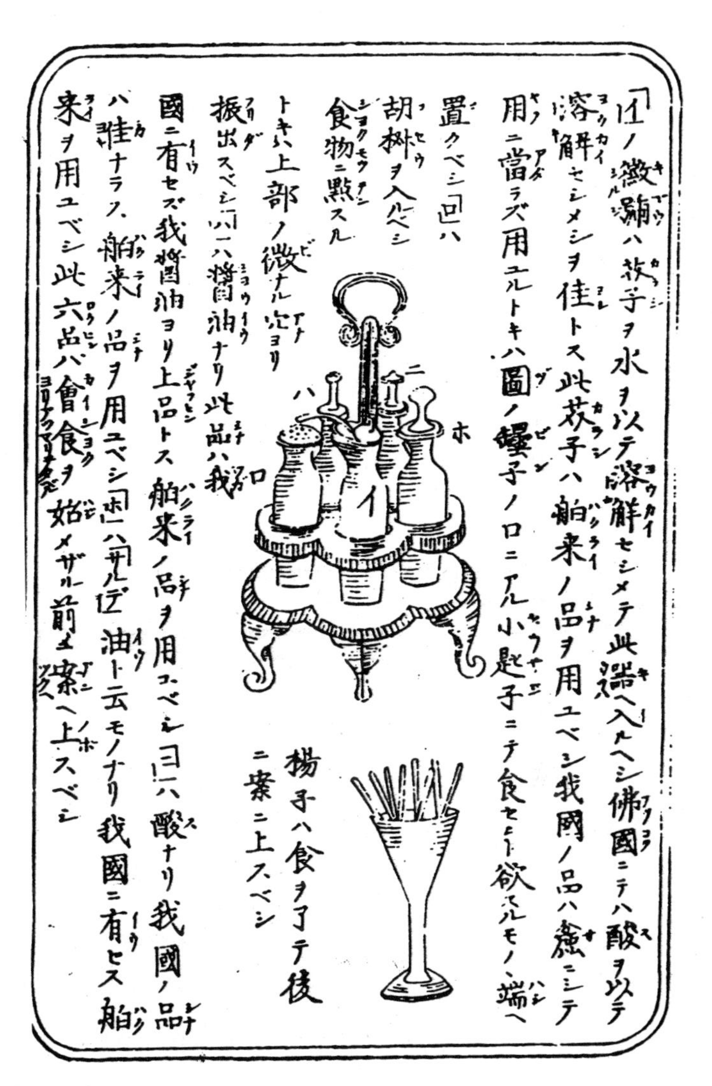

「イ」ノ微蘭ハ芥子ヲ水ヲ以テ溶解セシメテ此器ヘ入ルヘシ佛國ニテハ酸ヲ以テ溶解セシメシヲ佳トス此芥子ハ舶来ノ品ヲ用ユベシ我國ノ品ハ麁ニシテ用ニ當ラズ用ユルトキハ圖ノ罎子ノ口ニアル小匙子ニテ食セント欲スルモノヽ端ヘ置クベシ「ロ」ハ胡椒ヲ入ルベシ食物ニ點スルトキハ上部ノ微ナル穴ヨリ振出スベシ「ハ」ハ醤油ナリ此品ハ我國ニ有セズ我醤油ヨリ上品トス舶来ノ品ヲ用ユベシ「ニ」ハ酸ナリ我國ノ品ハ佳ナラズ舶来ノ品ヲ用ユベシ「ホ」ハサルデ油ト云モノナリ我國ニ有セス舶来ヲ用ユベシ此六品ハ會食ヲ始メザル前ニ案ヘ上スベシ

楊子ハ食ヲ了テ後ニ案ニ上スベシ

图84　餐桌调味料组合套装。“ha”（ハ）是伍斯特沙司的坛子吧。《西洋料理指南》（明治五年）

司，四十五年斯旺沙司。据说明治后半期，日本的沙司业十分繁荣。

伍斯特沙司迎来国产品的鼎盛时代，日本独特的“伍斯特沙司”就此诞生，昭和二十六年甚至有售炸肉排专用的炸猪排沙司（浓厚沙司）。

炸肉排和伍斯特沙司非常配，购买伍斯特沙司也很方便，而且随着伍斯特沙司的普及，炸肉排也变得更常见。

三　炸猪排名字的出现

猪肉的消费量增加

因幕府时期的开国政策，日本人受到欧美人饮食文化的影响，普遍开始食用肉类，其中以牛肉为主。明治十年，牛的屠杀数量为6514头；与之相对，猪仅有613头。之后，猪肉的消费量渐渐增加，到了明治三十年后半期，猪的屠杀数量已接近牛的数量。《风俗画报》第三百三十九号（明治三十九年四月二十五日）中以《东京市民的食肉量》为题记载如下：

肉食逐年增多，其中，猪肉的需求量较去年有显著增加，因为前年日俄战争，大量牛猪被陆海军买走，导致市内的生肉受到极大影响，价格上涨，需求减少，战后市价渐渐降低，需求量也逐渐增多。

明治三十八年的东京市食肉消费额如下：

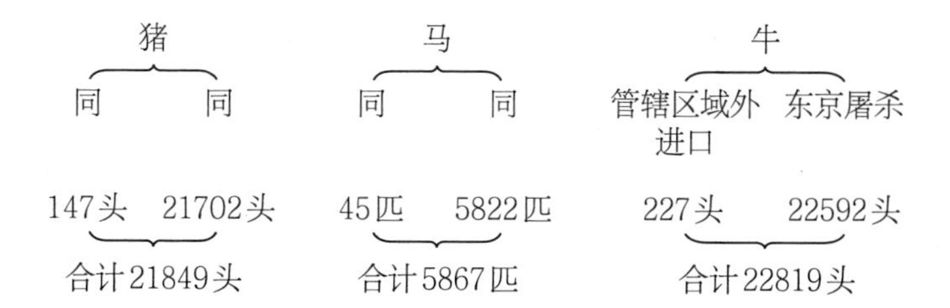

牛和猪的屠杀数量变得几乎相近，但这一数字在明治四十二年发生了颠倒的情况：牛的食肉加工数为22138头，猪则达到了38610头。

诞生炸猪排的名称

猪肉的消费量不断增加，于是出现了“炸猪排”这个名称。永井荷风在《红茶之后》“银座”（明治四十四年七月）中谈道：“在这里，某个人说比起帝国酒店的西餐，更喜欢站在小摊边吃炸猪排打嗝儿。在小摊吃的油炸猪肉已经没有了西式风味，和一直以来的天妇罗并不矛盾，反而带有一种新式的风味。蛋糕和鸭南蛮煮经长崎传入日本，完完全全成了日本食品，炸猪排也是如此吧。”这是出现炸猪排这个名称较早的例子。文中写到，某个人说比起帝国酒店的西餐料理，他觉得小摊上的炸猪排闻起来更香。由此可见，这一时期已有小摊售卖炸猪排。

天妇罗始于摊贩。正如“天妇罗盖饭的诞生”中所说（第79页），小摊是一种适合炸制天妇罗的营业形式，可以说炸猪排也一样。那么，出售油澄澄的炸猪排是不是也始于小摊呢？大正十五年十一月十日的《东京朝日新闻》刊登了西式简餐小摊的照片，报道称：“站着吃的快乐。夜晚的银座，西餐店的门帘里传出欢笑声，炸猪排的味道钻进鼻子里。进入店内的工匠听着流淌的小提琴声，心情十分愉悦。”（图85）

第一萬四千五百三十九號 (七)

立食ひの歡樂 夜の銀座裏で

洋食屋のノレンからはジユウ〳〵と音を立てゝトンカツの臭ひが鼻をつく、中に入つてゐる職人さん、流しのヴアイオリンを聴きいりながらチビリ〳〵御機嫌の體だ

图85 报纸中登载的站着吃的西餐小摊。《东京朝日新闻》（大正十五年十一月十日）

这段文字描写了做炸猪排时的声音和味道。永井荷风描写的就是这种场景吧。

一品西餐店的炸猪排

炸猪排也出现在一品西餐店的菜单中。

石角春之助（生于明治二十三年）在《银座解剖图》“西餐一品料理时代”（昭和九年）中提及，当西餐普及时，有些店铺开始提供一品料理，叙述如下：“到了明治末期，有些店铺开始出售一品料理，这种料理被称为西餐，和日式套餐不一样。尤其是主要面向学生的神田，还有售价低廉的浅草等地，一盘西餐仅售四五钱，同时这种一品料理店也在银座附近一一登场。那些始终奉行套餐主义的店铺也被同化，一改销售方针，开始提供一品料理，西餐一下子普遍化。一品料理的普及意味着它变成了大众化的日常食物，同时促使它的地位得以和日本料理相提并论……我在学生时代非常喜欢吃油腻的炸肉排，只要有钱就常常去吃。”

作者石角春之助提到在一品西餐普及的同时，西餐也大众化，炸肉排变成了人气食物。明治四十五年，他从明治大学法律系毕业，因此这应该是明治四十年的事情。杉韵居士所著《东京的表里 八百八街》“新食伤新道”（大正三年）中写道：“从神田骏河台下的停靠站向小川町走大概十间，往右拐……有一家一品西餐店叫小川轩。那里的西餐一盘售价七钱到十五钱，虽然味道和食材都很寻常，但做得出乎意料地好吃，因而备受这附近的学生和年轻人喜欢。店内的四面墙上随意地挂着镜子，形成了西餐店的一派风格。料理多为家常菜，其中又以炸猪排居多。蛋包饭、烧烤等普通的菜呢，无论在哪里都卖得很好。”《银座解剖学》中的炸肉排更名为炸猪排，在神田附近的一品西餐中变成了最有人气的料理，而这些店铺主要面向学生。

不过，同样以学生为主要受众的牛奶店则受到冲击，《东都新繁昌记》（大正七年）中提到牛奶店摇身一变成为出售牛排和炸猪排的廉价西餐店，“不只神田，其他地区也一样，面向学生的牛奶店不知为何减少了。牛奶店受到最近流行的咖啡店影响不得不转型。另外，以前的学生都是喝牛奶吃面包，现在口味变高级了，兴许这也是导致牛奶店必须转变成出售牛排和炸猪排的廉价西餐店的一大必然原因吧”。

炸猪排的普及

到了大正时代，炸猪排这个名称变得十分常见。长谷川涛涯所著《解剖东京》（大正六年）中描写了一个场景，讲的是一个青年来到浅草的一家酒吧，点了“生啤配炸猪排”，可见在酒吧也能吃到炸猪排。岸田刘生在大正十一年四月十五日的日记中写他吃了自己做的炸猪排：“夜宵是将米泽的肉煮过后做成炸猪排，再喝点啤酒，美味至极啊！”

《大阪每日新闻》的记者曾去过关东大地震后的东京，报道了上野附近的惨状，“我如果去樱之丘的友人家，他们就会点精养轩的炸猪排给我吃”（大正十二年十一月十八日），可见诸如上野精养轩那样的高级西餐店也把炸猪排加入了菜单中。

“炸猪排”一词也被收录进了辞典当中。《现代新语辞典》（大正八年）将其作为新语中最优秀的词语，“炸猪排：一种西餐。指炸猪肉，现代式新语中最优秀的词语”（图86）。可知“炸猪排”一词在当时拥有了崭新的意义。

《社交用语辞典》（大正十四年）中也收录了“炸猪排”一词，并对其由来加以解释：“炸猪排：指炸猪肉做成的肉排。炸肉排的英语为cutlet，指小牛和羊的薄肉片，如大家所知，在西餐中指这些肉炸制而成的料理。炸牛排即用牛肉炸制的肉排。”当英文cutlet音读成日语时，因为是猪肉，所以取“猪肉”和“炸猪排”的部分发音组合成了“炸猪排”一词。

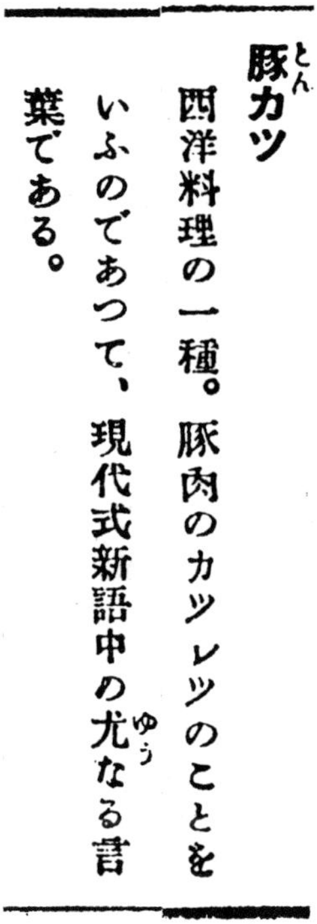

豚(とん)カツ
西洋料理の一種。豚肉のカツレツのことをいふのであつて、現代式新語中の尤(ゆう)なる言葉である。

图86　记载着炸猪排释义的辞典。《现代新语辞典》（大正八年）

变厚的炸猪排

不仅名称从“炸肉排”变成了“炸猪排”，肉也变得更加厚实。小说家和导演狮子文六（明治二十六年—昭和四十四年）在《饮·食·书》中写道：“东京一流的炸猪排店应该花了很多精力才研究出如何把厚肉炸得柔软火候又刚好吧。很久以前，久保田万太郎宗匠称Ponchi-ken的炸猪排的厚度和大小‘令人惊讶’，从那时起，香脆的厚切炸猪排开始在东京普及，并出现了炸猪排店。”

Ponchi-ken就是一家炸猪排店，位于御徒町站附近，山本嘉次郎说：“据当地老人讲，昭和初期，有一位曾任职于宫内厅大膳寮的人退休后在上野御徒町开了一家名为Ponchi-ken的西餐店。”昭和八年出版的《大东京美食记》“上野周边”一节中介绍“Ponchi-ken……这家店小到令人怀疑，这真的是下谷那家有名的炸猪排店吗？甚至有人只听到名字就来了，为了找店还骨折了”。久保田万太郎称“令人惊讶”就是这个时候发生的事情吧。

昭和初期诞生了非常厚实的炸猪排。炸肉排的厚度有所增加，进化成了炸猪排，逐渐形成日式风格。自此，炸猪排盖饭诞生。

四　炸猪排盖饭的诞生

炸猪排盖饭上市

把炸猪排放在盖饭上就做成了炸猪排盖饭。

炸猪排盖饭有两个种类，分别为酱汁炸猪排盖饭和鸡蛋羹炸猪排盖饭。酱汁炸猪排盖饭是在盖饭上放上炸猪排再淋上酱汁，或者在炸猪排时加入酱汁然后再把有酱汁的炸猪排放到米饭上；鸡蛋羹炸猪排盖饭则是用甜辣汁煮炸猪排和洋葱等配料，把鸡蛋蒸成羹，然后全都放到米饭上。

关于炸猪排盖饭的诞生史众说纷纭。关于酱汁炸猪排盖饭，一说其创始者是一家欧洲店铺，如今正在福井建总店，该店在大正二年发明了酱汁炸猪排盖饭，也有人说是早稻田高等学院的学生中西敬二郎在大正十年萌生了这一想法。关于鸡蛋羹炸猪排盖饭，则被认为是早稻田的荞麦面店三朝庵创始于大正七年。

不过并不是每个说法都有记录，所以并不可知究竟盖饭是如何诞生的，但炸猪排的诞生时期应该在大正时代末期。

西餐店中的炸猪排盖饭

《大东京繁昌记》“山手篇”（昭和三年）中收录了岛崎藤村、高滨虚子、有岛生马、谷崎精二、德田秋声等文人们的稿件，其中描写了正午时分丸大厦的混乱，描写如下：“丸大厦里的各家事务所都有很多人去楼下的食堂吃炸猪排盖饭。每个升降电梯都挤满了人，这些人从电梯里出来涌入楼下十字街的行人当中，简直是摩肩接踵的修罗场。虽然描述得可能有些夸张，但总之就是很混乱。我每天都目睹这种场景，然后意味深长地笑笑，‘新旧之物如此融合’。忽然，面露笑容的我被别人推来撞去，突然没入群众当中，消失了踪影。后来我好不容易从人群中逃脱，终于在食堂的角落里找到了一把椅子，然后在那里坐下填饱肚子。虽然也有食堂出售便当、寿司、天妇罗盖饭、鳗鱼盖饭、年糕豆沙汤、萩饼、荞麦面等，但也有西餐店出售西式简餐、牛排、炸猪排、炸牡蛎、炸肉丸子、炸猪排盖饭等。”

丸大厦于大正十二年二月二十日竣工，高滨虚子在尚未竣工时租下其中一间办公室，作为俳句杂志《杜鹃》的发行地，大厦建成后便立刻搬入了。

前面这段文字描述的正是当时正午时分的状况，那会儿西餐店已开始出售炸猪排盖饭。丸大厦一层和地下分别开了叫“城堡”和“中央亭”的西餐店。这种西餐店应该都有出售炸猪排盖饭，因此我们可以认为炸猪排盖饭在大正十二年前后就已上市。

池田弥三郎曾以“炸肉排”为题述怀：“当年我还在三田上学时，附近有大和屋、明果、白十字、三丁目、加藤、红叶轩、三田酒吧等各种店铺，我常常在那些店里吃炸猪排和炸猪排盖饭当午餐……红叶轩的炸猪排盖饭上面浇的酱汁不知道是怎么调的，非常好吃，三田酒吧的炸猪排盖饭呢，猪排的外皮非常厚实，和别家店不一样，极其美味。”(《我的食物志》，昭和四十年）池田弥三郎于昭和六年四月入读庆应大学，昭和二十年毕业，因此他讲的应该是那段时间的故事，这里列举的店铺似乎是西餐店，如“上面浇的酱汁非常好吃”或者“猪排的外皮非常厚实，极其美味”。

西餐店的炸猪排盖饭应该是酱汁炸猪排盖饭。

食堂的炸猪排盖饭

炸猪排盖饭也在食堂的菜单中登场。《新帝都招牌考》(大正十二年十二月）描绘了震后东京街区的招牌，其中有一个场景就是上野站附近挂着箱形招牌，招牌上面写着“炸猪排盖饭 牛肉盖饭”“特制咖喱饭 猪肉酱汤”(大正十二年十月八日的素描，图87)。

所以我们可以确认当时炸猪排盖饭已经有售，但无法想象震

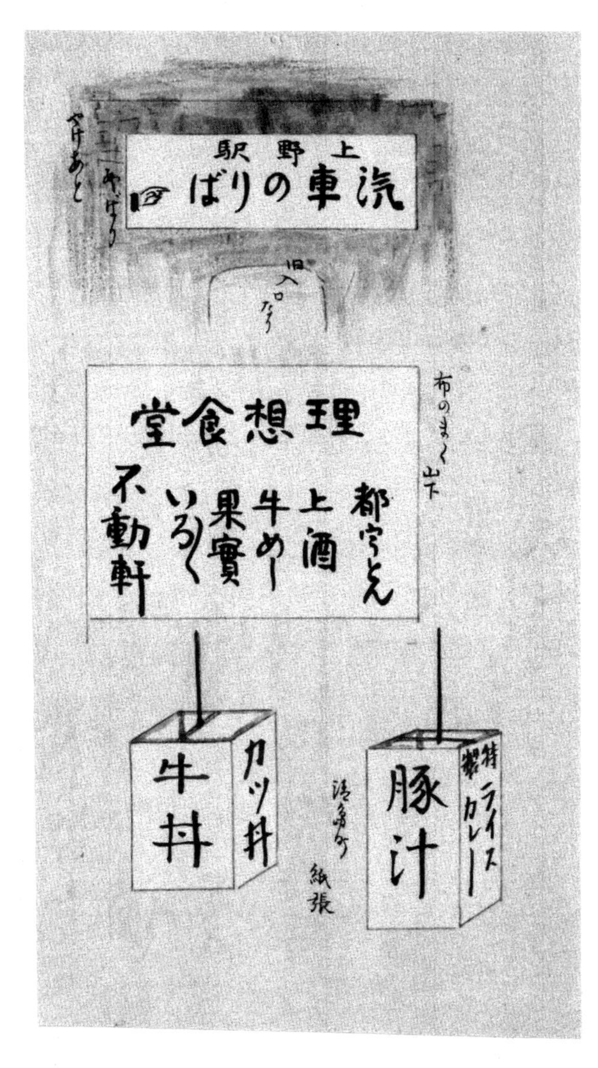

图87　挂着炸猪排盖饭招牌的店铺。《新帝都招牌考》（大正十二年十二月）

后仅一个月左右就有人想出了炸猪排盖饭这个新菜式，因此我们可以设想在更早以前就已经有人出售。从菜单种类来看，挂这个招牌的店铺似乎是一家大众食堂。

百货公司的食堂里也可以看到炸猪排盖饭。时事新报社的美食指南《东京名物食记》（昭和四年）刊登了家庭部记者寻访美食的报道，四名记者来到“银座松坂屋食堂”，其中一人点了售价五十钱的“炸猪排盖饭”，发表感想称：“这家店的炸猪排盖饭就和大家在家里吃到的那种味道差不多，和这家食堂很搭，我觉得自己在家里也能做出来。”

此外，白木正光所著《大东京美食记》（昭和八年）中介绍了涩谷道玄食堂，他写道：“这家食堂和本乡酒吧差不多，炸猪排盖饭售价二十钱，滑蛋鸡肉盖饭售价十五钱。”由此可见，这家食堂也有出售炸猪排盖饭和滑蛋鸡肉盖饭。

这种食堂出售的炸猪排盖饭应该是鸡蛋羹炸猪排盖饭吧。

五　炸猪排盖饭的普及

荞麦面店里的炸猪排盖饭

另外，荞麦面店也开始出售鸡蛋羹炸猪排盖饭。

东京都面类合作社为了纪念创立五十周年出版了一本《面业五十年史》（昭和三十四年），当中叙述如下：“（大正年间的大地震后）大阪式餐饮店坐拥大量资本并进军东京，进驻银座、浅草、新宿等繁华地带，填补了东京的空虚……虽然我们的面历史悠久、非常大众化，但如果要和其他店铺抢夺同一批客人，那我们就必须做好竞争的准备，这是成功的必经之路，不是吗？因此我们市内几乎所有的店铺都在水泥地上摆放桌椅。当然，在郊外那些幸免于难的区域，还有很多店铺依然是从前的半手工式，但至少受灾区几乎无一例外地都摆上了规整的桌子，不仅如此，出售的品类也有了咖喱饭和炸猪排盖饭等口味浓厚的食物，这一时期因为地点和店铺而不得不和其他店铺展开竞争，而这类食物一定就是那个时候闪亮登场的。”

关东大地震后，大阪的餐饮店坐拥大量资本并向东京进军。东京的荞麦面店产生危机感，于是对店铺进行改建，在菜单中增加咖喱饭和炸猪排盖饭，希望以此幸存下来。

荞麦面店已经在出售天妇罗盖饭和滑蛋鸡肉盖饭。如果能吸纳烹制这两种盖饭的技巧，即把炸制天妇罗的技术和将鸡蛋做成鸡蛋羹的技术应用在炸猪排盖饭上，那么就能更轻松地做出炸猪排盖饭。荞麦面的酱汁还可以用作炸猪排盖饭的汤汁。荞麦面店已具备推出炸猪排盖饭的背景条件，而它正式登场似乎是在关东大地震之后。

荞麦面店的数量非常多，虽然不知道地震后具体剩下几家，但据说昭和十一年有“两千五百余名”荞麦商加盟“大东京荞麦商合作社”（《面业五十年史》）。虽然少数老牌荞麦面店还没有出售盖饭类食物，但其他几乎所有荞麦面店都开始出售炸猪排盖饭，炸猪排盖饭成了日本人熟悉的盖饭类食物。荞麦面店对炸猪排饭的普及起到了很大的作用。

山本嘉次郎在《日本三大西餐》（昭和四十八年）中提道："廉价食堂、荞麦面店里有很多人吃炸猪排盖饭。其中大概三分之一的人把米饭和炸猪排及鸡蛋分开吃，单纯把后两者当作配菜。我试了以后发现还挺好吃的，比炸猪排盖饭更美味，应该是因为能自行调节味道吧。我称这种方式为'分食'。"食堂和荞麦面店出售的是鸡蛋羹炸猪排盖饭，所以才能出现这种吃法。

鸡蛋羹炸猪排盖饭在荞麦面店和食堂等地一经出售，就成了炸猪排盖饭的主流。

料理书中炸猪排盖饭的制作方法

妇人之友社的《家庭经济料理》（昭和九年，图88）中刊登了"炸猪排盖饭"的制作方法：

"（一）首先将猪肉切开，切成适合一口吃掉的大小。

（二）将洋葱纵向切成两半，接着从横切面切碎，加甜料酒、酱油和砂糖一起煮。

（三）在煮洋葱中加入炸猪排，快速地打入鸡蛋做成羹。

（四）将米饭盛入丼中，再将（三）中做好的羹盛适量置于其上，放上菜码即可上桌。菜码用豌豆比较好。"

这里形容鸡蛋羹炸猪排盖饭是一种"家常便饭"，并介绍了它的制作步骤，还刊登了"咖喱·炸猪排盖饭"的烹饪方法。可见

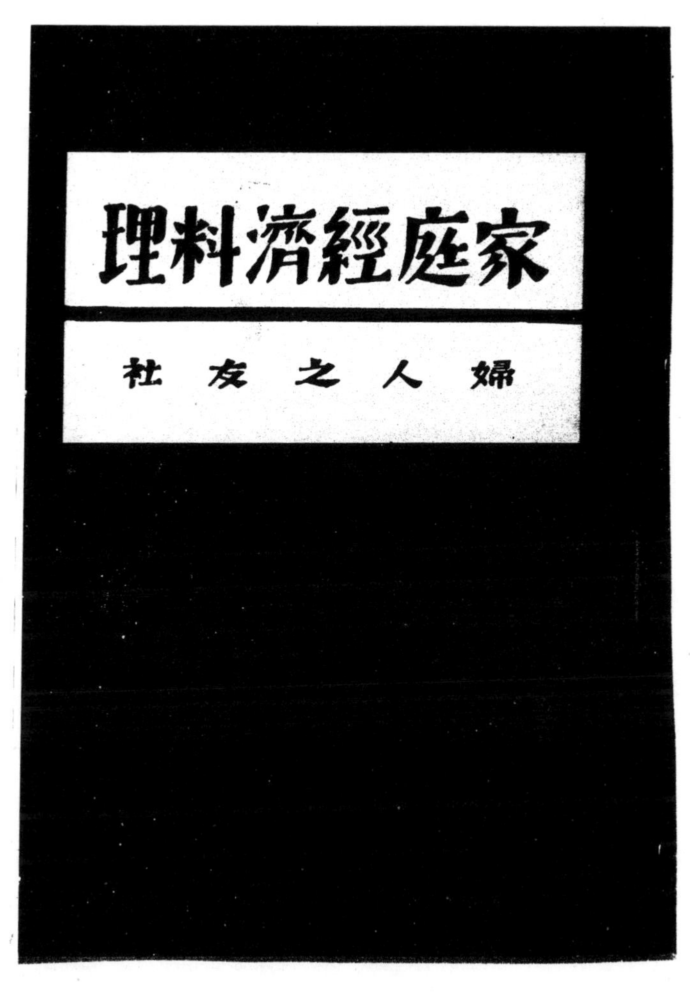

图88 《家庭经济料理》的封面。昭和九年

这一时期，炸猪排盖饭成为一种日常的家常料理，人们在家里也能做。炸猪排盖饭会使用到洋葱——滑蛋鸡肉盖饭和牛肉盖饭一直都用洋葱。同样地，它也被应用于炸猪排盖饭。

最后一步是把豌豆放在最上面，明治初期，豌豆作为一种蔬菜品种自欧美引入并迅速普及，被用于炸猪排盖饭的菜码。

炸猪排盖饭是日西合璧料理的杰作

炸猪排盖饭问世前，日本已经诞生了滑蛋鸡肉盖饭以及鸡蛋羹牛肉盖饭等盖饭类食物。《饭百珍料理》（大正二年）中记载了“盖饭的烹饪法”，当中写，“和滑蛋鸡肉盖饭不同的是用牛肉代替鸡肉别名混合盖饭”，具体做法是在小锅中放入牛肉和洋葱，加甜料酒和酱油煮制，然后淋上鸡蛋液做成羹状，最后“将刚出锅的米饭盛入茶碗或者丼中，八成左右，然后将羹置于其上”。

幕府时期开国后，日本人开始正式食用牛肉和猪肉，不过各人喜好的食用方式却各不相同。牛肉呢，最风靡的是牛肉锅，它相当于是江户时代瘦肉锅和暹罗鸡锅的延续，而猪肉是做成炸猪排食用比较受欢迎，这种吃法源于英国。最后，从牛肉锅的料理方法中诞生了牛肉盖饭。炸猪排同理，与此同时又引入了炸天妇罗的技术，于是，厚切炸猪排盖饭就此诞生。此外还应用了如滑蛋鸡肉盖饭、混合盖饭的料理方法，即用酱油和甜料酒煮肉后加入鸡蛋液做成羹，炸猪排盖饭自此诞生。炸猪排盖饭同样也用到了来自欧洲的洋葱，炸猪排盖饭在源自欧洲的炸肉排和洋葱中加入日式传统调味料调味，可谓日西合璧料理的杰作，荞麦面店和食堂纷纷把它加到菜单里，于是，炸猪排盖饭彻底转变为日式料理并发展至今。

牛肉盖饭以关东大地震为契机掀起了第一次牛肉盖饭热潮，之后诞生了像吉野家那样的牛肉盖饭连锁店，引发第二次牛肉盖饭热潮并扩展到了日本全国。不过，炸猪排盖饭并未激起这种划时代的热潮，炸猪排专卖店也直到最近才出现，可是人们能以低廉的价格吃到炸猪排盖饭填饱肚子，没有比这更划算的食物，所以它备受日本人喜爱。

结语

我想应该有很多朋友都喜欢吃鳗鱼盖饭、天妇罗盖饭、滑蛋鸡肉盖饭、牛肉盖饭和炸猪排盖饭吧？在源远流长的历史长河中，这五大知名盖饭形成了日本别具一格的风味，我也很爱吃，但凡有机会就会去尝尝。

因此，我很高兴以五大知名盖饭为主题来撰写本书，但同时亦有诸多困惑。对于一直研究江户时期历史的人来说，要写这么一本书，需要查阅很多明治时代以后的史料，而这部分史料的基数又非常庞大，小说、随笔以及江户时代尚不存在的杂志和报纸都必须一一过目。

在不断的查阅工作中，一眨眼，时光已过了三年有余。我本想将五种盖饭汇集成一册，虽然调查尚存不足，也有很多内容暂未涉及，但我想，目前的文本已经涵盖了重点要点，所以我就此停笔。

我在本书中引用了诸多江户时代和明治时代的文献，为了让读者朋友们更容易理解，我改写了其中部分内容，因此为了能够和原文对应，我在最后列举了“参考史料·文献一览”。若本书能对探索盖饭文化的工作有所贡献，那么我将倍感荣幸。

本书编辑为藤冈泰介先生，此前他已协助我出版《居酒屋的诞生》和《寿司、天妇罗、鳗鱼荞麦面》(均为chikuma学艺文库)。本书从校对到插画的版面设计由他全权负责，有时他还会为我提供珍贵的史料，从各个方面帮助我。当我遇到写作的“瓶颈”时，他不断地给予我建议和鼓励、激励我继续。在此，请允许我致以深深的谢意。

二〇一九年七月

饭野亮一

参考史料·文献一览

《安愚乐锅》假名垣鲁文 诚之堂 1871年—1872年 岩波文库 1967年

《海人藻芥》惠命院宣守 应永二十七年（1420年）《群书类从》28 1991年

《一个外交官眼里的明治维新》下 萨道义爵士 1921年 岩波文库 1960年

《一事千金》田螺金鱼 安永七年（1778年）《洒落本大成》第八卷 中央公论社 1980年

《节用辞典》大田才次郎编 博文馆 1905年

《江户和东京风俗野史》卷一 伊藤晴雨 六合馆 1929年

《基础家庭料理》浅井传三郎 女子家庭割烹实习会 1912年

《虚言弥次郎倾城诚》市场通笑作·鸟居清长画 安永八年（1779年）国立国会图书馆藏

《鳗鱼》吉冈保五郎编 全国淡水鱼组合联合会 1954年

《鳗鱼·牛物语》植原路郎 井上书房 1960年

《江户出发日记账》酒井伴四郎 万延元年（1860年）《地图上看到的新宿区的变迁》四谷篇 1983年

“江户优质蒲烧茶泡饭排名”江户后期 东京都立中央图书馆藏

《江户的饮食生活》“天妇罗和鳗鱼的故事”三田村鸢鱼《江户读本》1939年8月号《三田村鸢鱼全集》第十卷 中央公论社 1975年
《江户的夕荣》鹿岛万兵卫 红叶堂书房 1922年 中公文库 1977年
《江户逝去》河野桐谷编 万里阁书房 1929年
《江户繁昌记》初篇 寺门静轩 天保三年《新日本古典文学大系》100 岩波书店 1989年
“江户前大蒲烧”鳗鳝堂 嘉永五年（1852年）东京都立中央图书馆藏
《江户见草》小寺玉晁 天保十二年《鼠璞十种》第二 国书刊行会 1970年
《江户名胜图绘》斋藤幸雄作 长谷川雪旦画 天保五—七年（1834年—1836年）《日本名胜图绘全集》名著普及会 1975年
《江户名物诗》方外道人 天保七年（1836年）东京都立中央图书馆藏
《江户的骄傲绘本》著者不详 安永八年（1779年）东京都立中央图书馆藏
《江户名胜绘本》十返舍一九 文化十年（1813年）国立国会图书馆藏
《江户特产绘本 续》铃木春信画 明和五年（1768年）有光书房 1975年
《大阪朝日新闻》1884年9月6日（“听藏2 visual”朝日新闻社）
《大阪每日新闻》1923年9月17日

《御触书宽保集成》高柳真三・石井良助编 岩波书店 1958年
《亲子草》喜田顺有 宽政九年（1797年）《新燕石十种》第一卷 中央公论社 1980年
《女嫌变豆男》朋诚堂喜三二作 恋川春町画 安永六年（1777年）国立国会图书馆藏
《街谈文文集要》石塚丰介子 万延元年（1860年）《近世庶民生活史料》三一书房 1993年
《书杂春锦手》雀声 天明八年（1788年）国立国会图书馆藏
《春日权现验记绘》高阶高兼画 延庆二年（1309年）《日本绘卷全集》16 角川书店 1978年
《家中竹马记》伊豆守利纲 永正八年（1511年）《群书类从》23 续群书类从完成会 1993年
《家庭经济料理》泽崎Ume子 妇人之友社 1934年
《家庭实用菜单和料理法》西野Miyoshi 东华堂 1915年
《家庭日本料理》越智kiyo 六盟馆 1922年
《家庭日本料理法》赤堀峰吉他 大仓书店 1917年
《家庭料理讲义录》东京大正割烹讲习会 1914年
《金草鞋》十五编 十返舍一九 文政五年（1822年）大空社 1999年
《女友和垃圾箱》一濑直行 交兰社 1931年 国立国会图书馆藏
《简易料理》民友社 1895年
《宽至天见闻随笔》稻光舍 天保十三年《随笔文学选集》第四 书斋社 1949年

《官服御沙汰略记》小野直方 延享二年—安永二年（1745年—1773年）文献出版 1992年—1994年
《嬉游笑览》喜多村信节 文政十三年 岩波文库《嬉游笑览》（五）2009年
《牛锅》森鸥外 1910年1月《名家杰作集》第十二集 春阳堂 1917年 国立国会图书馆藏
《旧闻日本桥》长谷川时雨 冈仓书房 1935年 岩波文库 1983年
《狂歌江户名胜图绘》天明老人内匠编 广重画 安政三年（1856年）《江户狂歌本选集》第十三卷 东京堂出版 2004年
《狂歌四季人物》歌川广重 安政二年（1855年）国立国会图书馆藏
《仰卧漫录》正冈子规 岩波书店 大政七年 岩波文库 1927年
《享保撰要类集》享保元年—宝历三年（1716年—1753年）《旧幕府引继书影印丛刊》1 野上出版 1986年
《玉滴隐见》完成年份不详［天正元年—延宝八年（1573年—1680年）的杂史］国立国会图书馆藏
《金金先生造化梦》山东京传作 北尾重政画 宽政六年（1794年）国立国会图书馆藏
《银座解剖图》石角春之助 丸之内出版社 1934年 国立国会图书馆藏
《银座十二章》池田弥三郎 朝日新闻社 1965年 朝日文库 2007年
《近世匠人尽绘词》锹形蕙斋 文化二年（1805年）国立国会图书

馆藏
《近代日本食物史》昭和女子大学食物雪研究室 近代文化研究所 1971年
《食神2》小岛政二郎 文化出版局 1972年
《花街柳巷的闹剧》楚满人 文化十二年《洒落本大成》第二十五卷 中央公论社 1986年
《经济要录》佐藤信渊 安政六年（1859年）岩波文库 1928年
《简便西洋料理法指南》松井铉太郎 新古堂书店 1888年
《月刊食道乐》有乐社 1905年5月号 1905年7月号 1905年11月号 1906年8月号 1907年1月号
《现代新语辞典》时代研究会编 耕文堂 1919年 国立国会图书馆藏
《建内记》万里小路时房《大日本古记录》（东京大学史料编纂所编纂）岩波书店 1974年
《红茶之后》“银座” 永井荷风 1911年7月《荷风全集》第十三卷 岩波书店 1963年
《慊堂日历》松崎慊堂《平凡社东洋文库》全六卷 1970年—1980年
“公文通志” 1873年1月12日《日本初期新闻全集》45 Perikann社 1994年
《黑白精味集》江户川三人 孤松庵养五郎 延享三年（1746年）
《千叶大学教育学部研究纪要》第36卷·第37卷
《古今料理集》宽文十年—延宝二年（1670年—1674年）左右

《江户时代料理本集成》第二卷 临川书店 1978年
《古事记》和铜五年（712年）《日本古典文学大系》1 岩波书店 1958年
《古事谈》源显兼 建历二年—建保三年（1212年—1215年）左右《新日本古典文学大系》39 岩波书店 2005年
《御当家令条》卷十八・卷二十九（《近世法制史料丛书》第二）石井良助编 弘文堂书房 1939年
《后水尾院 行幸二条城 菜单》小川勘右卫门 款用三年《日本料理大鉴》第二卷 1958年
《最黑暗的东京》松原岩五郎 民友社 1893年 国立国会图书馆藏
《最新日西料理》割烹研究会 积善馆总店 1913年
《岁盛记》玉家如山 1868年《江户明治流行详图记》太平书屋 1994年
《细撰记》王家面四郎 嘉永六年《江户明治流行细贝记》太平书屋 1994年
《*The Secret Sauce: A history of Lea & Perrins*》By Brian Keogb LEAPER Books 1997年
《三百藩家臣人名事典》家臣人名事典编纂委员会编 新人物往来社 1988年
《四季每日三食料理法》安西古满子 博文馆 1909年 国立国会图书馆藏
《四时交加》山东京传作 北尾政演画 宽政十年（1798年）《江户

风俗图绘》柏美术出版 1993年
《四十八癖》三编 式亭三马 文化十四年（1817年）国立国会图书馆藏
《四条流庖丁书》延德元年（1489年）《群书类从》19 续群书类从完成会 1971年
《七福神大通传》伊庭可笑作 北尾政演画 天明二年（1782年）国立国会图书馆藏
《实业之日本》实业之日本社 1906年2月15日 国立国会图书馆藏
《实用养鸡百科全书》花岛得二他 日本家禽学校出版部 1925年
《社交用语辞典》铃木一意 实业之日本社 1925年 国立国会图书馆藏
《沙石集》无住和尚 弘安六年（1283年）《日本古典文学大系》85 岩波书店 1966年
《趣味研究大江户》大江户研究会 大屋书房 1913年 国立国会图书馆藏
《春色恋乃染分解》四编 胧月亭有人 文久二年（1862年）《言情小说刊行会丛书》10 1916年
《商业组合评》尾崎富五郎编辑兼出版 1879年 国立国会图书馆藏
《玩笑难言》后编 十返舍一九 文化三年（1806年）《十返舍一九集》国书刊行会 1997年
《逛吃逛吃》奥田优云华 协文馆 1925年 国立国会图书馆藏
《食肉卫生警察》上卷 津野庆太朗 长隆社书店 1906年 国立国会

图书馆藏
《续日本纪》延历十六年（797年）《新日本古典文学大系》13 岩波书店 1990年
《饮食考古学》佐原真 东京大学出版会 2010年
《探究食物味道的真髓》波多野承五郎 万里阁书房 1929年 新人物往来社 1977年
《诸色调类集》旧幕府交接书 国立国会图书馆藏
《诸事留》五 旧幕府交接书 国立国会图书馆藏
《新帝都招牌考》乐只园主人 1923年 国立国会图书馆藏
“新版御府内流行名物指南双六”歌川芳艳画 嘉永年间（1848年—1854年）都立中央图书馆藏
《集成大正编年史报》明治大正昭和报纸研究会 1978年—1988年
《集成明治编年史报》明治编年史编纂会编 财政经济学会 1934年—1936年
《集录大正史报》大正出版 1978年
《振鹭亭噺日记》振鹭亭 宽政三年（1791年）《噺本大系》第十二卷 东京堂出版 1979年
《西洋道中膝栗毛》六编 假名垣鲁文 1871年 岩波文库 1958年
《西洋料理指南》敬学堂主人 雁金屋 1872年
《西洋料理法》大桥又太郎 博文馆 1896年
《尺素往来》传一条兼良 室町中期《群书类从》9 续群书类从完成会 1992年

《全国方言辞典》东条操编 东京堂出版 1951年
《千里一刎勇天边》十返舍一九 宽政八年（1796年）国立国会图书馆藏
《杂司谷纪行》十返舍一九 文政四年（1821年）《古典文库》第443册 1982年
《杂谈集》无住和尚 嘉元三年（1305年）二书堂 1882年 国立国会图书馆藏
《增订华英通语》福泽谕吉 万延元年（1860年）《福泽谕吉全集》第一卷 岩波书店 1958年
《增补改订 明治事物起源》石井研堂 春阳堂 1944年
《俗事百工起源》宫川政运 庆应元年（1865年）《未完随笔百种》第二卷 中央公论社 1976年
《荞麦通》村濑忠太郎 四六书院 1930年 东京书房社 1981年
《损者三友》石井八郎 宽政十年（1798年）《洒落本大成》补卷 中央公论社 1988年
《大东京美食记》白木正光 丸之内出版 1933年《时装·时尚都市文化》第十三卷 yumani书房 2005年
《大东京繁昌记》“山手篇” 东京日日新闻社编 春秋社 1928年 平凡社 1999年
《太平洋》博文馆 1903年12月10日号 1906年2月1日号 1906年8月1日号
《*Tanefukube*》三集·十二集 三友堂益亭评 弘化年间（1844

年—1848年）太平书屋 1991年
《旅砚》飨庭兴三郎（篁村）博文馆 1901年 国立国会图书馆藏
《旅耻辱书拾一通》十返舍一九 享和二年（1802年）国立国会图书馆藏
《不会被骗的东京指南》池田政吉 诚文堂书店 1922年 国立国会图书馆藏
《茶渍原御膳合战》萩庵荻声作 歌川丰广画 文化二年（1805年）国立国会图书馆藏
《忠臣藏即席料理》山东京传作 北尾重政画 宽政六年（1794年）国立国会图书馆藏
《调味料·香辛料辞典》小林彰夫编 朝仓书店 1991年
《朝野新闻》1877年11月8日、1891年11月6日《朝野新闻 缩印版》perikann社 1981年
《珍味随意素人料理》中村柳雨 矢岛诚进堂书店 1903年
《徒然草》兼好法师 元宏元年（1331年）前后《新日本古典文学大系》39 岩波书店 1989年
《日本风俗图志》文政五年（1822年）《新异国证书》7 雄松堂书店 1970年
《帝都复兴一览》乐只园主人 1924年 国立国会图书馆藏
《自卖自夸》中村仲藏 1855年—1886年 青蛙房 国立国会图书馆藏
《天下的记者》薄田贞敬 实业之日本社 1906年 国立国会图书馆藏

《天妇罗通》野村雄次郎 四六书院 1930年 广济堂文库 2011年
《天妇罗物语》露木米太郎 自治日报社 1971年
《东京朝日新闻》1923年9月17日
《东京记账》平山庐江 住吉书店 1952年
《东京开化繁昌志》萩原乙彦 岛屋平七 1874年 国立国会图书馆藏
《东京购物独指南》上原东一郎撰写兼发行 1890年 渡边书店 1972年
“东京牛肉暹罗鸡流行店”1875年
《东京语辞典》小峰大羽编 新潮社 1917年 立国会图书馆藏
《东京商工博览绘》深满池源次郎编辑兼出版 1885年 湘南堂书店 1987年
《东京新繁昌记》服部诚一 山城屋政吉 1874年《明治文学全集》4 筑摩书房 1969年
《东京新繁昌记》金子春梦 东京新繁昌记发行所 1897年 国立国会图书馆藏
“东京知名食物排行榜”1923年《江户明治庶民史料集成》“排行榜下”柏书房 1973年
《东京日日新闻》1923年9月2日、9月10日、9月24日
《东京的表里 八百八街》杉韵居士 铃木书店 1914年《近代日本地志丛书》42 龙溪书舍 1992年
《解剖东京》长谷川涛涯 龙溪书舍 1917年
《东京的三十年》田山花袋 博文馆 1917年 岩波文库 1981年

《东京的下町》吉村昭 文艺春秋 明治六十年 文春文库 1989年
《东京百事便》三三文房编 三三文房 1890年 国立国会图书馆藏
《东京风俗志》平出铿二郎 富山房 1901年 原书房 1968年
《东京府统计书》第三卷 东京府内务部总务科 1910年 国立国会图书馆藏
"东京名胜特色镜之真景" 广重画 明治期 国立国会图书馆藏
《东京名物志》松本顺吉编 公益社 1901年 国立国会图书馆藏
《东京名物食记》时事新报家庭部编 正和堂书房 1929年 国立国会图书馆藏
《东京流行细见记》清水市次郎编辑兼出版 1885年《江户明治流行细见记》太平书屋 1994年
《东都岁时记》斋藤幸雄作 长谷川雪旦画 天保九年《日本名胜图绘全集》名著普及会 1975年
《东都新繁昌记》山口义三 京华堂书店·文武堂书店 1918年《文学地志"东京"丛书》7 大空社 1992年
《德川禁令考》前集第五 石井良助编 创文社 1959年
《名草见草》松永贞德 庆安五年（1652年）《日本古典文学影印丛刊》28 贵重本刊行会 1984年
《男重宝记》草田子三径 元禄六年 教养文库 1993年
《日用舶来语便览》棚桥一郎 光玉馆 1912年《近代用于的辞典集成》24 大空社 1995年
《日葡辞典》日本耶稣会传教士编纂 庆长八年（1603年）岩波书

店 土井忠生等编译 1980年
《日本教会史》上 乔安·罗德里格斯 元和八年（1622年）左右
《大日本航海丛书》第9卷 岩波书店 佐野泰彦等译 1967年
《日本古代家畜史》铸方贞亮 有明书房 1982年
《日本西教史》克拉西 1689年 太阳堂 太政官翻译 1880年
《日本三大西餐考》山本嘉次郎 昭文社出版部 1973年
《日本书纪》养老四年（720年）《日本古典文学大系》68（1965年）·69（1967年）岩波书店
《日本食志》小鹿岛果纂著兼出版 1885年
《日本食肉史》福原康雄 食肉文化社 1956年
《日本人的诞生》佐原真《日本的历史》1 小学馆 1987年
《日本西洋中国家庭料理大全》秋穗敬子 甲子书院 1924年
《日本养鸡史》养鸡中央会编 帝国畜产会 1944年 国立国会图书馆藏
《日本灵异记》僧景戒 弘仁年间（810年—824年）《日本古典文学大系》4 岩波书店 1957年
《明治·大正·昭和的价格风俗史》周刊朝日编 朝日新闻社 1981年
《明治·大正·昭和的价格风俗史二续》周刊朝日编 朝日新闻社 1982年
《传统活动绘卷》住吉家模本（江户前期）《日本的绘卷》8 中央公论社 1987年

《年中家常菜菜谱》花之屋蝴蝶 静观堂 1893年
《农家宝典》指宿武吉 大日本农桑义会 1900年
《农业全书》宫崎安贞 元禄十年（1697年）岩波文库 1936年
《农林省历年统计表》农林大臣官房统计科 1932年
《残留的江户》柴田流星 洛阳堂 1911年 中公文库 1990年
《饮·食·书》狮子文六 角川书店 1961年 角川选书21《好食徒然草》1969年
《诽风柳多留全集》冈田甫校订 三省堂 1976年—1977年
《幕末明治女百话》筱田矿造 四条书房 1929年 岩波文库 1997年
《进口五谷蔬菜要览》竹中卓郎编 1886年 国立国会图书馆藏
《早道节用守》山东京传 宽政元年 国立国会图书馆藏
《播磨国风土记》和铜八年（715年）左右《日本古典文学大系》2 岩波书店 1958年
《万国报》庆应三年三月下旬号 庆应三年六月中旬号 庆应三年十二月下旬号《日本初期新闻全集》Perikansha 出版社 1988年
《半自叙传》菊池宽《文艺春秋》1928年8月号《菊池宽全集》第二十三卷 文艺春秋 1995年
《彦根市史》中册 中村直胜编 彦根市政厅 1962年
《美味回国》本山荻舟 四条书房 1931年
《美味求真》木下谦次郎 启成社 1925年 五月书房 1976年
《续续美味求真》木下谦二郎 中央公论社 1940年
《百人百色》骨皮道人 共隆社 1887年 国立国会图书馆藏

《风俗》风俗社 1917年6月1日 国立国会图书馆藏
《风俗画报》东阳堂 第26号（1891年3月10日）第120号（1895年11月10日）第150号（1897年10月）第159号（1898年2月25日）第261号（1902年12月10日）第339号（1906年4月25日）
《风俗粹好传》鼻山人作 溪斋英泉画 文政八年（1825年）国立国会图书馆藏
《深川的鳗鱼》宫川曼鱼 住吉书店 1953年
《福翁自传》福泽谕吉 时事新报社 1899年 岩波文库 1978年
《武江年表》后篇“附录”斋藤月岑 1878年 平凡社东洋文库《增订武江年表》2 1963年
《弗洛伊斯·日本史》“五畿内篇”路易斯·弗洛伊斯 十六世纪后半 中央公论社 松田毅一·川崎桃太译 1978年
《文艺春秋》1940年九月号 高田保“鳗鱼盖饭”
《文明本节用集》室町中期《文明本节用集研究及索引》影印篇 勉诚社 1979年
《本草纲目启蒙》小野兰山 享和三年—文化三年（1803年—1806年）早稻田大学出版部 1986年
《本朝食鉴》人见必大 元禄十年《食物本草本大成》第九卷·第十卷 临川书店 1980年
《真佐喜的加都良》青葱堂冬圃 完成年不详《未完随笔百种》第八卷 中央公论社 1977年

《丸善百年史》上卷 丸善 1980年
《漫谈明治初年》同好史谈会编 春阳堂 1927年 批评社 2001年
《万宝料理菜单集》天明五年（1785年）《江户时代料理本集成》第五卷 临川书店 1980年
《万宝料理秘密箱》（前编）天明五年（1785年）《江户时代料理本集成》第五卷 临川书店 1980年
《万叶集》卷第二 八世纪后半《日本古典文学大系》70 岩波书店 1967年
《味觉极乐》东京日日新闻社会部编 1927年
《三升屋二三治剧场书留》三升屋二三治 天保年间（1830年—1844年）末期前后《燕石十种》第一 国书刊行会 1907年
《姑娘之信》初编 三文社自乐 天保五年 国立国会图书馆藏
《名语记》沙门经尊 建治元年（1275年）勉诚社 1983年
《未来之梦》坪内逍遥 晚青堂 1886年《逍遥选集》别册第一 春阳堂 1927年
《明治事物起源》石井研堂 桥南堂 1908年 国立国会图书馆藏
《明治十年东京府统计表》东京府 1878年 国立国会图书馆藏
《明治节用大全》博文馆编纂委员会编 1894年 芸友中心 1974年
《明治风貌》莺亭金升 山王书房 1953年 岩波文库 2000年
《明治的东京生活》小林重喜 角川选书 1991年
《名饭部类》杉野权兵卫 享和二年（1802年）《江户时代料理本集成》第七卷 临川书店 1980年

《饭百珍料理》赤堀峰吉 朝仓屋书店 1913年
《面业五十年史》组合创立五十年志编纂委员会编 东京都面类协同组合 1959年
《模范新语通语大辞典》上田景二编 1919年《近代用于的辞典集成》4 大空社 1994年
《守贞谩稿》(《近世风俗志》) 喜多川守贞[嘉永六年（1853年）追记至庆应三年（1867年）]国立国会图书馆藏
《柳樽二篇》万亭应贺 天保十四年 富山房 1929年
《邮政通知报》1876年7月12日、1886年2月12日、1891年10月3日《复刻版邮政通知报》柏书房 1989年
《西餐考》山本嘉次郎 住宅研究社 1970年
《西餐料理法独指南》近藤坚三编 滨本伊三郎 1886年 国立国会图书馆藏
《能时花舛》岸田杜芳 天明三年（1783年）东京都立中央图书馆藏
《横滨市史稿》“产业篇”“风俗篇”横滨市政府 1932年 国立国会图书馆藏
《世态探访》川村古洗 大文馆 1917年 国立国会图书馆藏
《读卖新闻》1923年12月10日
《刘生绘日记》第一卷 岸田刘生 龙星阁 1952年
《料理辞典》斋藤觉次郎 郁文舍 1907年
《料理集》橘川房常 享保十三年（1728年）《千叶大学》教育学部

研究纪要 第30卷 1981年
《料理物语》宽永二十年（1643年）《江户时代料理本集成》第一卷 临川书店 1978年
《律》黑板胜美 国史大系编修会编纂《国史大系》吉川弘文馆 1974年
《类集撰要》旧幕府引继书 国立国会图书馆藏
《鲁文珍报》第七号 开珍社 1878年2月18日 国立国会图书馆藏
《我衣》卷十九 加藤曳尾庵 文政八年（1825年）《日本庶民生活史料集成》第十五卷 三一书房 1971年
《日汉三才图绘》寺岛良安 正德二年（1712年）东京美术 1970年
《我的食物志》池田弥三郎 河出书房新社 1965年
《日西家常菜料理》樱井千佳子 实业之日本社 1912年

日本年号对照表

飞鸟时代（592年—710年）

大化　645年六月—650年二月
白雉　650年二月—654年十一月
朱鸟　686年七月—九月
大宝　701年三月—704年五月
庆云　704年五月—708年正月
和铜　708年正月—715年九月

奈良时代（710年—794年）

灵龟　715年九月—717年十一月
养老　717年十一月—724年二月
神龟　724年二月—729年八月
天平　729年八月—749年四月
天平感宝　749年四月—七月
天平胜宝　749年七月—757年八月
天平宝字　757年八月—765年正月
天平神护　765年正月—767年八月
神护景云　767年八月—770年十月
宝龟　770年十月—780年
天应　781年—782年八月
延历　782年八月—806年五月

平安时代（794年—1185年）

大同　806年五月—810年九月
弘仁　810年九月—824年正月
天长　824年正月—834年正月
承和　834年正月—848年六月
嘉祥　848年六月—851年四月
仁寿　851年四月—854年十一月
齐衡　854年十一月—857年二月
天安　857年二月—859年四月
贞观　859年四月—877年四月
元庆　877年四月—885年二月
仁和　885年二月—889年四月
宽平　889年四月—898年四月
昌泰　898年四月—901年七月
延喜　901年七月—923年闰四月
延长　923年闰四月—931年四月
承平　931年四月—938年五月
天庆　938年五月—947年四月
天历　947年四月—957年十月
天德　957年十月—961年二月
应和　961年二月—964年七月
康保　964年七月—968年八月
安和　968年八月—970年三月
天禄　970年三月—973年十二月
天延　973年十二月—976年七月
贞元　976年七月—978年十一月
天元　978年十一月—983年四月
永观　983年四月—985年四月
宽和　985年四月—987年四月
永延　987年四月—989年八月
永祚　989年八月—990年十一月
正历　990年十一月—995年二月
长德　995年二月—999年正月
长保　999年正月—1004年七月
宽弘　1004年七月—1012年十二月
长和　1012年十二月—1017年四月
宽仁　1017年四月—1021年二月
治安　1021年二月—1024年七月
万寿　1024年七月—1028年七月
长元　1028年七月—1037年四月
长历　1037年四月—1040年十一月
长久　1040年十一月—1044年十一月

宽德　1044年十一月—1046年四月
永承　1046年四月—1053年正月
天喜　1053年正月—1058年八月
康平　1058年八月—1065年八月
治历　1065年八月—1069年四月
延久　1069年四月—1074年八月
承保　1074年八月—1077年十一月
承历　1077年十一月—1081年二月
永保　1081年二月—1084年二月
应德　1084年二月—1087年四月
宽治　1087年四月—1094年十二月
嘉保　1094年十二月—1096年十二月
永长　1096年十二月—1097年十一月
承德　1097年十一月—1099年八月
康和　1099年八月—1104年二月
长治　1104年二月—1106年四月
嘉承　1106年四月—1108年八月
天仁　1108年八月—1110年七月
天永　1110年七月—1113年七月
永久　1113年七月—1118年四月
元永　1118年四月—1120年四月
保安　1120年四月—1124年四月
天治　1124年四月—1126年正月
大治　1126年正月—1131年正月
天承　1131年正月—1132年八月
长承　1132年八月—1135年四月
保延　1135年四月—1141年七月
永治　1141年七月—1142年四月
康治　1142年四月—1144年二月
天养　1144年二月—1145年七月
久安　1145年七月—1151年正月
仁平　1151年正月—1154年十月
久寿　1154年十月—1156年四月
保元　1156年四月—1159年四月
平治　1159年四月—1160年正月
永历　1160年正月—1161年九月
应保　1161年九月—1163年三月
长宽　1163年三月—1165年六月
永万　1165年六月—1166年八月
仁安　1166年八月—1169年四月
嘉应　1169年四月—1171年四月
承安　1171年四月—1175年七月
安元　1175年七月—1177年八月
治承　1177年八月—1181年七月
养和　1181年七月—1182年五月
寿永　1182年五月—1185年三月
元历　1184年四月—1185年八月

镰仓时代（1185年—1333年）

文治　1185年八月—1190年四月
建久　1190年四月—1199年四月
正治　1199年四月—1201年二月
建仁　1201年二月—1204年二月
元久　1204年二月—1206年四月
建永　1206年四月—1207年十月
承元　1207年十月—1211年三月
建历　1211年三月—1213年十二月
建保　1213年十二月—1219年四月
承久　1219年四月—1222年四月
贞应　1222年四月—1224年十一月
元仁　1224年十一月—1225年四月
嘉禄　1225年四月—1227年十二月
安贞　1227年十二月—1229年三月
宽喜　1229年三月—1232年四月
贞永　1232年四月—1233年四月
天福　1233年四月—1234年十一月
文历　1234年十一月—1235年九月
嘉祯　1235年九月—1238年十一月
历仁　1238年十一月—1239年二月
延应　1239年二月—1240年七月

仁治　1240年七月—1243年二月
宽元　1243年二月—1247年二月
宝治　1247年二月—1249年三月
建长　1249年三月—1256年十月
康元　1256年十月—1257年三月
正嘉　1257年三月—1259年三月
正元　1259年三月—1260年四月
文应　1260年四月—1261年二月
弘长　1261年二月—1264年二月
文永　1264年二月—1275年四月
建治　1275年四月—1278年二月
弘安　1278年二月—1288年四月
正应　1288年四月—1293年八月
永仁　1293年八月—1299年四月
正安　1299年四月—1302年十一月
乾元　1302年十一月—1303年八月
嘉元　1303年八月—1306年十二月
德治　1306年十二月—1308年十月
延庆　1308年十月—1311年四月
应长　1311年四月—1312年三月
正和　1312年三月—1317年二月
文保　1317年二月—1319年四月
元应　1319年四月—1321年二月
元亨　1321年二月—1324年十二月
正中　1324年十二月—1326年四月
嘉历　1326年四月—1329年八月
元德　1329年八月—1331年八月
元弘　1331年八月—1334年正月
元德　1331年九月—1332年四月
正庆　1332年四月—1333年五月

室町时代（1333年—1573年）

建武　1334年正月—1336年二月
延元　1336年二月—1340年四月
兴国　1340年四月—1346年四月
正平　1346年四月—1370年十二月
建德　1370年十二月—1372年三月
天授　1375年五月—1381年二月
弘和　1381年二月—1384年四月
元中　1384年四月—1392年闰十月
建武　1336年二月—1338年八月
历应　1338年八月—1342年四月
康永　1342年四月—1345年十月
贞和　1345年十月—1350年二月
观应　1350年二月—1352年九月
文和　1352年九月—1356年三月
延文　1356年三月—1361年三月
康安　1361年三月—1362年九月
贞治　1362年九月—1368年二月
应安　1368年二月—1375年二月
永和　1375年二月—1379年三月
康历　1379年三月—1381年二月
永德　1381年二月—1384年二月
至德　1384年二月—1387年八月
嘉庆　1387年八月—1389年二月
康应　1389年二月—1390年三月
明德　1390年三月—1394年七月
应永　1394年七月—1428年四月
正长　1428年四月—1429年九月
永享　1429年九月—1441年二月
嘉吉　1441年二月—1444年二月
文安　1444年二月—1449年七月
宝德　1449年七月—1452年七月
享德　1452年七月—1455年七月
康正　1455年七月—1457年九月
长禄　1457年九月—1460年十二月
宽正　1460年十二月—1466年二月
文正　1466年二月—1467年三月
应仁　1467年三月—1469年四月
文明　1469年四月—1487年七月

长享　1487年七月—1489年八月
延德　1489年八月—1492年七月
明应　1492年七月—1501年二月
文龟　1501年二月—1504年二月
永正　1504年二月—1521年八月
大永　1521年八月—1528年八月
享禄　1528年八月—1532年七月
天文　1532年七月—1555年十月
弘治　1555年十月—1558年二月
永禄　1558年二月—1570年四月
元龟　1570年四月—1573年七月

安土桃山时代（1573年—1603年）

天正　1573年七月—1592年十二月
文禄　1592年十二月—1596年十月
庆长　1596年十月—1615年七月

江户时代（1603年—1868年）

元和　1615年七月—1624年二月
宽永　1624年二月—1644年十二月
正保　1644年十二月—1648年二月
庆安　1648年二月—1652年九月
承应　1652年九月—1655年四月
明历　1655年四月—1658年七月
万治　1658年七月—1661年四月
宽文　1661年四月—1673年九月
延宝　1673年九月—1681年九月
天和　1681年九月—1684年二月
贞享　1684年二月—1688年九月
元禄　1688年九月—1704年三月
宝永　1704年三月—1711年四月
正德　1711年四月—1716年六月
享保　1716年六月—1736年四月
元文　1736年四月—1741年二月
宽保　1741年二月—1744年二月
延享　1744年二月—1748年七月
宽延　1748年七月—1751年十月
宝历　1751年十月—1764年六月
明和　1764年六月—1772年十一月
安永　1772年十一月—1781年四月
天明　1781年四月—1789年正月
宽政　1789年正月—1801年二月
享和　1801年二月—1804年二月
文化　1804年二月—1818年四月
文政　1818年四月—1830年十二月
天保　1830年十二月—1844年十二月
弘化　1844年十二月—1848年二月
嘉永　1848年二月—1854年十一月
安政　1854年十一月—1860年三月
万延　1860年三月—1861年二月
文久　1861年二月—1864年二月
元治　1864年二月—1865年四月
庆应　1865年四月—1868年九月

一世一元制施行后（1868年—今）

明治　1868年九月—1912年7月
大正　1912年7月—1926年12月
昭和　1926年12月—1989年1月
平成　1989年1月—2019年4月
令和　2019年5月—今